中等职业学校教材

Flash CS3 中文版动画制作

龙天才　主编

崔强荣　副主编

人民邮电出版社

北京

图书在版编目（CIP）数据

Flash CS3中文版动画制作 / 龙天才主编. -- 北京
: 人民邮电出版社, 2010.6 (2015.8 重印)
中等职业学校教材
ISBN 978-7-115-22751-5

Ⅰ. ①F… Ⅱ. ①龙… Ⅲ. ①动画－设计－图形软件
, Flash CS3－专业学校－教材 Ⅳ. ①TP391.41

中国版本图书馆CIP数据核字(2010)第080429号

内 容 提 要

　　本书以模块方式编写，通过不同的任务介绍 Flash CS3 的基础知识和基本操作，包括 Flash 的文档操作、动画制作和环境设置，图形的绘制与编辑，图形和文本的编辑，素材和元件的应用，简单动画制作，高级动画制作，动画编程，动画测试与发布等内容。本书完全按照"任务驱动"和"项目教学法"的设计思想组织教材内容，从案例入手，按照从感性认识上升到理性认识的过程介绍知识及技能，使用通俗易懂的语言，由浅入深、由易到难地组织教学内容。

　　本书适合作为中等职业学校动画制作课程的教材，也可作为各类计算机培训教学用书，还可作为初学者的自学参考书。

中等职业学校教材

Flash CS3 中文版动画制作

◆ 主　　编　龙天才
　　副 主 编　崔强荣
　　责任编辑　王亚娜
◆ 人民邮电出版社出版发行　　北京市丰台区成寿寺路 11 号
　　邮编　100164　电子邮件　315@ptpress.com.cn
　　网址　http://www.ptpress.com.cn
　　北京鑫正大印刷有限公司印刷
◆ 开本：787×1092　1/16
　　印张：14.75　　　　　　　　　　2010 年 6 月第 1 版
　　字数：354 千字　　　　　　　　2015 年 8 月北京第 7 次印刷

ISBN 978-7-115-22751-5
定价：25.00 元
读者服务热线：(010)81055256　印装质量热线：(010)81055316
反盗版热线：(010)81055315

本书编委会

主　任：龙天才

副主任：周察金　尹　毅　邓　涛　何长健

委　员：陈道波　程弋可　程远炳　崔强荣　邓　涛

　　　　冯　毅　冯定远　郭长忠　郭红彬　何长健

　　　　何思如　黄　程　黄渝川　李　权　李继峰

　　　　林伯涛　刘昆杰　刘清太　卢启衡　罗建平

　　　　马　震　马松平　任　翰　覃国祥　谭建伟

　　　　王　兵　王明瑞　文　俊　肖柏英　谢晓广

　　　　徐　卉　杨华安　袁高文　曾　立　曾学军

　　　　张　平　张　毅　张穗宜　张孝剑　赵清臣

前　　言

为了适应经济建设和社会发展的需要，职业院校应坚持"以服务为宗旨，以就业为导向"的职业教育办学方针，在该方针的指引下，各地中等职业学校大力推行工学结合、校企合作、顶岗实习等灵活多样的技能型人才培养模式，以及加强实践教学，建立教学过程与生产过程紧密衔接的教学模式，所以对课程的设置和教材建设也不断提出了新的要求。

为了适应社会对职业人才的需求，以及满足中等职业教育课程改革与教学的需要，我们先后与全国各地的计算机专业教研中心组、信息技术学科教学指导委员会、中等职业学校和用人单位进行了广泛沟通和交流，在深入学校和企业调研的基础上，根据教育部职业教育与成人教育司制订的《中等职业学校计算机及应用专业教学指导方案》与国家职业技能鉴定中心制订的《全国计算机信息高新技术考试技能培训和鉴定标准》，精心策划和组织编写了本书。

本书在编写上充分体现了"以学生为中心，以能力为主导，以就业为导向"的宗旨，结合企业的实际需求，精心挑选了实际工作中常见的案例，以此提高学生的就业能力。本书在内容安排上，主要具备如下特点。

- 模块化编排更有利于学生学习，课堂讲解部分通过一个个具体的"任务"使学生掌握相关知识点，"实训"部分通过具体操作巩固学生所学内容，并加强了学生的实际动手能力。
- 注重实训教学，按照企业实际的工作过程和工作条件组织教学内容，形成围绕工作需求的新型教学与训练模式，使学生能较快地适应企业工作环境。
- 教学内容由浅入深，对操作步骤的叙述简明易懂；注重理论知识与案例制作相结合，教学内容实用性与案例操作技巧性相结合。
- 与现有的一些"案例"教程不同的是，模块化编排更有利于老师教学和学生学习，案例设计均来自实际工作中，学生更能适应企业的需求。
- 充分把握基础理论知识"必须"和"够用"这两个"度"，既便于教师实行案例教学和分层次教学，同时也便于学生自学。

全书共 10 个模块，涵盖了中等职业学校学生学习 Flash 动画设计与制作应掌握的基本知识和基本技能。

模块一　进入 Flash 动画世界：通过 5 个动画的欣赏，让学生对 Flash 动画有个初步的认识和了解，并介绍了 Flash 的启动、退出，Flash 文档的新建、保存、打开和关闭，动画环境的设置等知识。

模块二　绘制与编辑图形：通过绘制乡村小屋、月夜星空、卡通形象等案例介绍常用绘图工具知识；通过填充乡村小屋、精细风景、珍珠心等案例，介绍常用填充工具知识。

模块三　编辑图形和文本：通过绘制向日葵和齿轮介绍图形的高级编辑知识；通过绘制七彩文字、个性文字、卡通文字、图片文字等案例，介绍文本的编辑知识。

模块四　素材和元件的应用：通过导入位图、Gif 动画、PSD 文件、声音和视频介绍素材的引用；通过制作夏日萤火虫、飞行的彩球等案例，介绍元件的类型、创建和引用，影片剪辑元件和按钮制作等知识。

模块五 制作简单动画：通过制作变换的线条、计时器、行进中的轨迹、变色龙、旋转的三棱锥、闪出的文字、纸风车、弹跳的小球等案例，介绍逐帧动画、补间形状动画、补间动画等知识。

模块六 制作高级动画：通过制作望远镜、放大镜、笔画识字、滚动效果、遮罩文字、滚动的小球、螺旋运动、曲线文字等案例，介绍图层和场景操作、制作遮罩层、引导层等知识。

模块七 制作有声动画：通过制作贺新春、火车出站、声音切换、身边的空气、自定义视频组件动画等案例，介绍为动画添加声音和视频等知识。

模块八 动画编程：通过制作鼠标控制角色、键盘控制角色、鼠标拖曳动画、遥控汽车、漫天飞絮动画、音乐时钟、"用户登录"界面等案例，介绍交互动画编程和高级脚本编程等知识。

模块九 测试与发布动画：主要介绍优化和测试动画、导出影片、导出动画中的图像、设置动画发布格式、预览发布效果、发布动画、创建播放器等知识。

模块十 综合实例：通过制作生日贺卡、制作多媒体课件——称赞、制作手机广告和制作网络 Banner 动画 4 个实例，综合运用了前面各模块介绍的相关知识，让学生能对所学的知识融会贯通。

本书由龙天才任主编，10 个模块中，模块一、模块二由龙天才编写，模块三由王艳编写，模块四、模块五由崔强荣编写，模块六、模块七由王明瑞编写，模块八和模块九由肖柏英编写，模块十由徐卉编写。

为了方便教学，本书提供了完善的教学资源，可以在人民邮电出版社教育服务与资源网网站（http://www.ptpedu.com.cn）下载。

由于编者水平有限，书中难免有不足之处，敬请广大读者提出宝贵意见。

编 者
2010 年 4 月

目　　录

模块一　进入 Flash 动画世界

模 块 简 介

Flash 是目前网络中最流行的应用软件之一，几乎所有的网页中都可以看到 Flash 的身影，如 Flash 按钮、Flash 广告条、Flash MV、Flash 贺卡、Flash 游戏等。另外，Flash 还被广泛地应用于课件制作、宣传片等领域，甚至一些小软件也采用了 Flash 制作，如多媒体光盘等。

使用 Adobe 公司开发的 Flash CS3 可以进行 Flash 动画的制作，在使用 Flash CS3 进行动画制作前，应先熟悉 Flash CS3 的工作界面，掌握 Flash CS3 的基本操作，如 Flash CS3 的启动和关闭、Flash CS3 文档的新建与保存、设置和保存动画制作环境等，本模块就来学习这些知识。

学 习 目 标

📖 了解 Flash 的作用
📖 掌握 Flash CS3 的启动和退出方法
📖 熟悉 Flash CS3 的工作界面
📖 掌握 Flash CS3 文档的新建、打开和关闭方法
📖 掌握 Flash CS3 工作环境的配置

任务一　欣赏动画片

任 务 目 标

本任务的目标是通过欣赏优秀的动画片，了解 Flash 的作用。

任 务 分 析

下面通过欣赏几个 Flash 作品来认识 Flash 在动态网页、宣传片、游戏、课件等方面的应用。

操作一　欣赏宣传片《运动会》

Flash 动画运用在宣传片、广告等方面，不仅表现形式多样，而且由于 Flash 文件比较小，因此非常适合于网络传输。

下面一起来欣赏宣传片《运行会》，其具体操作步骤如下。

打开文件"素材\模块一\操作一\运动会.swf"，其动画效果如图 1-1 所示。

图 1-1 《运动会》宣传片

操作二 欣赏 MV《江南》

Flash 软件具有强大的矢量绘图功能，并支持位图和音频，所以利用 Flash 制作的 MV 动画目前在网络上非常流行。

下面一起来欣赏一丘的 MV 作品《江南》，其具体操作步骤如下。

（1）打开文件"素材\模块一\操作二\江南.swf"，其效果如图 1-2 所示。

（2）将鼠标指针移动到"播放"按钮上，鼠标指针变成 形状，单击"播放"按钮欣赏 MV 动画效果。

图 1-2 《江南》MV

操作三 欣赏课件《称赞》

Flash 具有强大的绘图功能和交互功能，因此，很多开发者都使用 Flash 进行多媒体课件的制作。

下面一起来欣赏课件《称赞》，其具体操作步骤如下。

打开文件"素材\模块一\操作三\称赞.swf"，根据其交互功能进行多媒体的演示，效果如图 1-3 所示。

图 1-3 课件《称赞》

操作四 欣赏游戏《飞行器》

在 Flash 中，ActionScript 语言提供了一个强壮的编程模型，程序开发人员利用编程模型可以轻松地开发出既精美又好玩的交互性游戏。

下面一起来体验一个简单的 Flash 小游戏《飞行器》，其具体操作步骤如下。

打开文件"素材\模块一\操作四\飞行器.swf"，其效果如图 1-4 所示。

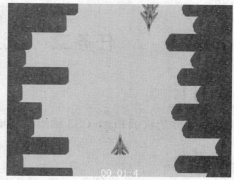

图 1-4 游戏《飞行器》

操作五 欣赏动画短片《曹冲称象》

使用 Flash 制作的二维动画不但表现形式多样、画面华丽，并且非常适合网络传输，因此，在网络上出现了大量的 Flash 优秀短片，并有许多的代表作。

下面一起来欣赏动画短片《曹冲称象》，其操作步骤如下。

打开文件"素材\模块一\操作五\曹冲称象.swf"，其动画效果如图 1-5 所示。

☎提示：Flash 动画作品一般有 exe 和 swf 两种文件格式，exe 文件可以直接双击打开，swf 文件需要安装与 Flash 版本相符的 Flash Player 播放器才能打开。

图 1-5　动画短片《曹冲称象》

知识回顾

上面通过对各类作品的欣赏，我们已经知道了 Flash 可以用来制作宣传片、MV、多媒体课件、游戏和动画短片，除此以外，网上很多流行的贺卡、广告和一些应用软件也都是使用 Flash 制作的。

任务二　初识 Flash CS3

任务目标

本任务的目标是认识 Flash CS3 的启动和退出方法，以及了解 Flash CS3 的工作界面。

任务分析

Flash CS3 是 Adobe 公司推出的 Flash 动画制作软件，要学好 Flash CS3，应先从学习 Flash CS3 的启动和工作界面开始。

操作一　启动 Flash CS3

Flash CS3 和其他软件一样，有多种启动方式，通常可以通过以下 3 种方式启动。

● 双击桌面上的 "Adobe Flash CS3 Professional" 快捷图标 可启动 Flash CS3。

● 单击 Windows 任务栏上的 开始 按钮，选择 "程序" → "Adobe Design Premium CS3" → "Adobe Flash CS3 Professional" 命令，启动 Flash CS3。

● 双击 Flash CS3 动画源（扩展名为.fla）文档，启动 Flash CS3。

启动 Flash CS3 后，在桌面上会弹出 Flash CS3 的启动界面，该界面显示了 Flash CS3 的版本、版权、加载项目等信息，如图 1-6 所示。

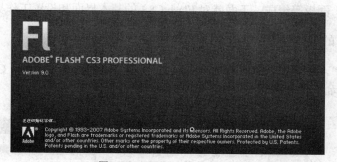

图 1-6　Flash CS3 的启动界面

　　当所有项目加载完毕后就进入到 Flash CS3 的工作界面，系统弹出如图 1-7 如所示的启动向导对话框。

图 1-7　启动向导对话框

各项目的作用如下。

● 打开最近的项目：该栏中显示了最近使用过的项目文件，用户可以直接单击项目选项打开该文件，也可以单击下方的"打开"选项，通过"打开"对话框选择要打开的 Flash CS3 文件。

● 新建：新建 Flash 文档类型，共有 7 项，单击"Flash 文件（ActionScript 3.0）"选项，即可新建一个普通的 Flash 文档，并进入 Flash CS3 的工作环境。

● 从模板创建：提供了多种内置的 Flash 模板供用户选择，单击任意一项，都将打开"从模板新建"对话框，选择相应模板就可完成 Flash 文档的创建。

● "不再显示"复选框：选中该复选框，以后启动 Flash CS3 时将不再显示启动向导对话框，而是直接进入 Flash CS3 的工作环境。

操作二　认识 Flash CS3 工作界面

Flash CS3 的工作界面主要由标题栏、菜单栏、主工具栏、场景、工具箱、"属性"面板、

"颜色"面板、"库"面板等组成。下面就对 Flash CS3 的基本界面和设置工作界面方法进行操作。

1．Flash CS3 的工作界面

双击桌面上的"Adobe Flash CS3 Professional"快捷图标 ，启动 Flash CS3 即可进入 Flash CS3 的工作界面，如图 1-8 所示。

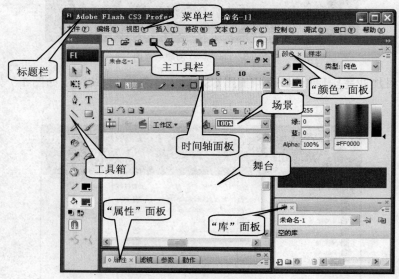

图 1-8　Flash CS3 工作界面

2．Flash CS3 工作界面的组件

- 标题栏：标题栏主要用于显示软件名称和当前文档信息。和其他软件一样，可以单击标题栏右边的■□X按钮进行最小化、最大化（还原）和关闭操作。
- 菜单栏：菜单栏位于标题栏的下方，主要包括文件、编辑、视图、插入、修改、文本、命令、控制、窗口和帮助选项。在制作 Flash 动画时，通过执行相应菜单中的命令，即可实现特定的操作。
- 主工具栏：和其他软件一样，Flash CS3 提供了常用的文件操作按钮和编辑按钮，通过选择菜单栏中的"窗口"→"工具栏"→"主工具栏"命令可以显示主工具栏，如图 1-9 所示。

图 1-9　主工具栏

- 时间轴面板：用于创建动画和控制动画的播放进程。时间轴面板左侧为图层区，该区域用于控制和管理动画中的图层；右侧为帧控制区，由播放指针、帧、时间轴标尺、时间轴视图等部分组成，如图 1-10 所示。
- 场景：场景是在 Flash CS3 中进行创作的主要编辑区域，在该区域中可以进行图形绘制和动画编辑。

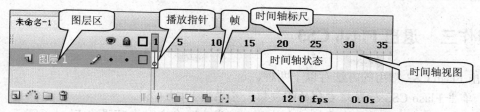

图 1-10　时间轴面板

- 工具箱：工具箱主要由"工具"、"查看"、"颜色"和"选项"4 部分组成，可用于绘制图形、选择图形、修改图形、填充图形等，如图 1-11 所示。
- "属性"面板："属性"面板是一个非常实用而又特殊的面板，并有特定的参数选项，它会随着选择对象的不同而出现不同的参数，方便用户设置对象的属性，如"文档属性"面板、"矩形工具属性"面板分别如图 1-12、图 1-13 所示。

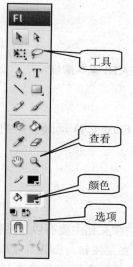

图 1-11　工具箱

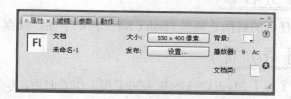

图 1-12　"文档属性"面板

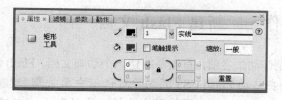

图 1-13　矩形工具"属性"面板

- 其他面板：除了"属性"面板，在 Flash 工作界面中还有很多面板，如"颜色"面板、"变形"面板、"库"面板，分别如图 1-14、图 1-15 和图 1-16 所示。在动画制作过程中，制作者可根据需要打开或关闭相应的面板，从而对场景中的对象进行相应的编辑和属性设置。

图 1-14　"颜色"面板

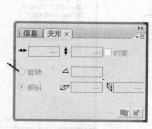

图 1-15　"变形"面板

图 1-16　"库"面板

操作三　退出 Flash CS3

退出 Flash CS3 常用的方法有以下两种。
- 单击 Flash CS3 标题栏右侧的 ⊠ 按钮，可退出 Flash CS3。
- 在 Flash CS3 菜单栏中选择"文件" → "退出"命令，也可退出 Flash CS3。

知识回顾

本任务主要熟悉了 Flash CS3 的启动和工作界面，了解了标题栏、菜单栏、主工具栏、工具箱、时间轴、场景、常用面板等的作用，这些都为后面的学习打下了坚实的基础。

任务三　熟悉 Flash 文档操作

任务目标

本任务的目标是熟悉 Flash CS3 文档的新建、保存、打开和关闭基本操作。

任务分析

在了解了 Flash CS3 的相关知识和工作界面后，本任务将对 Flash CS3 动画文档的操作进行详细讲解。

操作一　新建 Flash 文档

在制作动画之前，首先要新建一个动画文档。Flash CS3 新建动画文档主要有以下两种方法。
- 在启动 Flash CS3 的向导对话框中单击 Flash 文件(ActionScript 3.0) 按钮，如图 1-17 所示。
- 在 Flash CS3 菜单栏中选择"文件" → "新建"命令，在打开的"新建文档"对话框"常规"选项卡中选择一种要创建的文档类型，然后单击 确定 按钮，如图 1-18 所示。

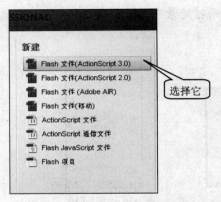

图 1-17　"向导"对话框

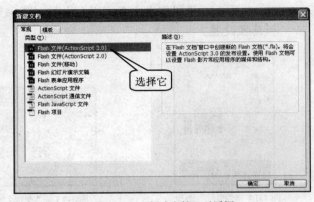

图 1-18　"新建文档"对话框

提示：通过单击"常用"工具栏中的"新建"按钮 🗋，也可以新建一个 Flash CS3 文档。

操作二 保存与另存 Flash 文档

在制作动画和对动画进行修改后，需要对其进行保存。在 Flash CS3 中保存文档的具体操作步骤如下。

（1）在 Flash CS3 的主工具栏中单击 🖫 按钮或在菜单栏中选择"文件"→"保存"命令。

（2）在打开的"另存为"对话框中的"保存在"下拉列表中选择文档的保存路径。

（3）在"文件名"文本编辑框中输入文档名称，在"保存类型"下拉列表中选择文档保存的类型，然后单击 保存(S) 按钮完成文档的保存，如图 1-19 所示。

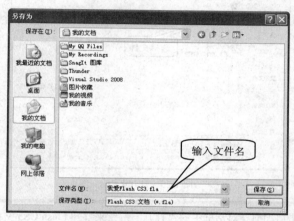

图 1-19 保存文档

提示：和其他软件一样，如果文档已经保存过，再次保存将不会出现"另存为"对话框，而是直接保存在原有文档中。此时，选择"文件"→"另存为"菜单命令，可将文档保存为另外一个文档。

操作三 关闭 Flash 文档

动画文档编辑完成后可关闭文档，在 Flash CS3 中关闭动画文档的方法主要有以下几种。

● 在动画文档的标题栏右侧单击 ✖ 按钮，可关闭当前编辑的动画文档。

● 选择"文件"→"关闭"菜单命令，或按【Ctrl+W】组合键，可关闭当前编辑的动画文档。

● 选择"文件"→"全部关闭"菜单命令，或按【Ctrl+Alt+W】组合键，可关闭 Flash CS3 中所有打开的动画文档。

操作四　打开 Flash 文档

在制作动画时，通常需要对已存在的动画文档进行编辑，这就需要打开该文档。在 Flash CS3 中，打开文档的具体操作步骤如下。

（1）在菜单栏中选择"文件"→"打开"命令，打开"打开"对话框。

（2）在"打开"对话框的"查找范围"下拉列表中选择要打开文档的路径。

（3）在"文件名"文本编辑框中输入相应的文件名，或直接用鼠标单击要打开的文档图标，然后单击 打开(0) 按钮，如图 1-20 所示，即可打开指定的 Flash 文档。

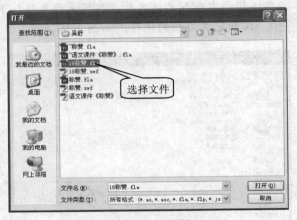

图 1-20　打开文档

📞 提示：也可以通过单击启动向导对话框中的"打开"按钮来打开 Flash CS3 文档。

知识回顾

本任务主要介绍了 Flash CS3 文档新建、打开、保存和关闭的基本操作。通过本任务的学习，我们可以了解建立动画文档的整个过程。

任务四　设置动画制作环境

任务目标

本任务的目标是掌握 Flash CS3 场景的设置、界面布局的改变与保存等基本操作。

任务分析

下面通过设置 Flash CS3 场景、定制自己的工作环境等几个实例来说明设置场景、改变界面和设置辅助工具的基本方法。

操作一 设置场景

通常创建 Flash CS3 动画都需要对动画场景大小、颜色、帧频等进行相关设置，其具体操作步骤如下。

（1）启动 Flash CS3，新建一个 Flash 文件（ActionScript 3.0），单击"属性"面板上的按钮打开"属性"面板。

（2）在"属性"面板上单击 550 x 400 像素 按钮，打开"文档属性"对话框，分别在尺寸栏的"宽"和"高"文本框中输入 720 像素、300 像素，如图 1-21 所示。

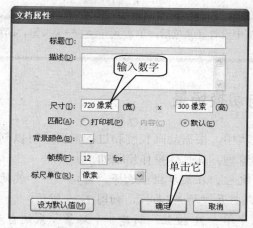

图 1-21 "文档属性"对话框

（3）单击 确定 按钮关闭对话框。

（4）在"属性"面板中单击背景：按钮，在弹出的颜色列表中，将鼠标指针移动到某一个色块上（见图 1-22），单击鼠标左键，即可将该颜色设置为动画的背景颜色。若在颜色列表中没有适合的颜色，可单击颜色列表右上角的按钮，打开"颜色"对话框。

（5）在"颜色"对话框的颜色选择框中，用鼠标单击某一个颜色区域选择颜色样本，在右侧的颜色深度调节框中，单击滑块并按住鼠标左键不放拖动即可调整颜色的深度，如图 1-23 所示。

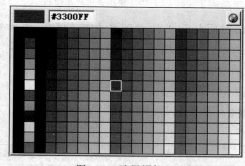

图 1-22 选择颜色

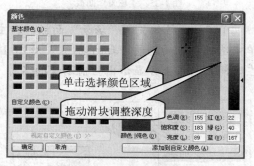

图 1-23 "颜色"对话框

（6）调整好颜色后单击 确定 按钮，完成动画背景颜色的设置。

（7）在"属性"面板中的"帧频"文本框中输入数字 10，更改文档帧频，如图 1-24 所示。

图 1-24 修改帧频

技巧：在"颜色"对话框中设置好颜色后，单击 添加到自定义颜色(A) 按钮，即可将该颜色添加到"自定义颜色"栏中，供用户随时调用。

操作二 添加与切换场景

在制作动画文档的过程中，根据动画长度和过程需要，可以创建多个场景来分段制作动画，以便于动画的制作和管理，其具体操作步骤如下。

（1）新建一个 Flash 文档，在菜单栏中选择"窗口"→"其他面板"→"场景"命令，或按【Shift+F2】组合键，打开"场景"面板，如图 1-25 所示。

（2）在"场景"面板中单击 + 按钮，新建一个场景，系统自动将其命名为场景 2。

（3）用鼠标左键双击场景名称，将场景的名称修改为"我的动画"，如图 1-26 所示。

图 1-25 "场景"面板

图 1-26 新建场景并重命名

（4）单击区按钮关闭"场景"面板，在主界面时间轴面板的右侧单击 按钮，在打开的菜单中选择相应的场景"我的动画"，如图 1-27 所示。将该场景切换为当前编辑的场景，同时在时间轴面板上方显示出当前场景的名称"我的动画"，如图 1-28 所示。

图 1-27 "场景"面板

图 1-28 新建场景并重命名

操作三　查看场景

如同常用的图形编辑软件一样，Flash CS3 在绘制图形或编辑动画时，也可以对场景进行缩放，以便对其进行修改和编辑，其具体操作步骤如下。

（1）打开文件"素材\模块一\操作三\小熊.fla"，如图 1-29 所示。

图 1-29　打开动画文档

（2）在时间轴面板右上角的 100% 下拉列表中选择相应的显示比例"200%"（见图 1-30），设置场景中的对象按 200%显示，如图 1-31 所示。

提示：若在列表中找不到需要的显示比例，可直接在下拉列表中输入相应的数字，即可将其作为显示比例应用到场景中。

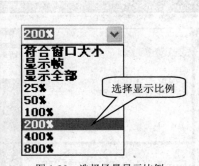

图 1-30　选择场景显示比例

图 1-31　以 200%比例显示的场景效果

（3）将场景恢复为 100%显示，单击工具箱中的 🔍 按钮选中"缩放工具"，然后在"选项"区域单击 🔍 按钮。

（4）将鼠标指针移动到场景中并按住鼠标左键不放拖曳框选图形（见图 1-32），框选图形后，释放鼠标左键，将选定的细节部分放大到整个场景，效果如图 1-33 所示。

图 1-32　框选图形

图 1-33　放大显示效果

☎提示：若要在场景中查看图形无法显示的其余部分，可在"绘图"工具栏中单击 🖐 按钮选中手形工具，在场景中按住鼠标左键不放向相应方向拖动，即可看到图形的其余部分。

操作四　操作面板

作为优秀的动画制作软件之一，Flash CS3 拥有人性化的工具面板，在制作动画的过程中可以根据需要，定义自己的工作面板，其具体操作步骤如下。

（1）启动 Flash CS3，新建一个动画文档，进入 Flash CS3 的基本界面，如图 1-34 所示。

（2）将鼠标指针移动到工具箱上，单击 ➡ 按钮，将工具箱面板展开，将鼠标指针移动到"颜色"面板上，单击 ➡ 按钮，将"颜色"面板缩放，如图 1-35 所示。

（3）单击"属性"面板标题栏中的 ▬ 按钮，最小化"属性"面板，以便为场景提供更大的编辑区域。

（4）在菜单栏上选择"窗口"→"变形"命令，打开"变形"面板，用同样的方法打开"信息"面板和"对齐"面板，如图 1-36 所示。

图 1-34　Flash CS3 基本界面

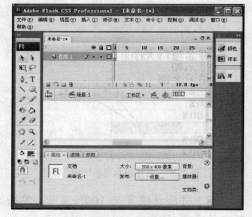

图 1-35　修改后的界面

（5）将鼠标指针移动到"对齐"、"信息"和"变形"面板的名称栏上，按住鼠标左键不放并向右拖动鼠标，当将面板拖动到界面最右侧时释放鼠标左键，将"对齐"、"信息"和"变形"面板放置到界面右侧，如图 1-37 所示。

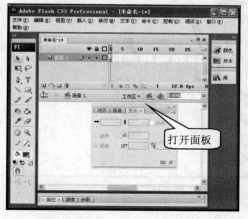
图 1-36　打开的"对齐"、"信息"和"变形"面板

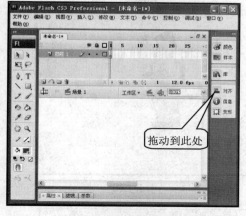
图 1-37　放置"对齐"、"信息"和"变形"面板

（6）单击 工作区▼ 按钮（见图 1-38），在弹出的下拉菜单中选择"保存当前"命令，打开"保存工作区布局"对话框，在"名称"文本框中输入界面名称"多媒体课件界面"，如图 1-39 所示。然后单击 确定 按钮保存当前工作界面，此时在"工作区"快捷菜单中会出现"多媒体课件界面"选项。

图 1-38　选择"保存当前"命令

图 1-39　"保存工作区布局"对话框

☎提示：可以从菜单栏中选择"窗口"→"工作区"→"多媒体课件界面"命令，打开已保存的工作界面。

操作五　设置辅助工具

在 Flash CS3 中可以使用标尺、辅助线和网格对图形对象进行准确定位，具体操作步骤如下。

（1）打开文件"素材\模块一\操作五\小熊.fla"，如图 1-40 所示。

（2）在菜单栏中选择"视图"→"标尺"命令或按【Ctrl+Alt+Shift+R】组合键，在场景左侧和上方显示标尺，如图 1-41 所示。

（3）在菜单栏中选择"视图"→"网格"→"显示网格"命令，在场景中的舞台区域显示网格，如图 1-42 所示。

（4）在菜单栏中选择"视图"→"网格"→"编辑网格"命令或按【Ctrl+Alt+G】组合键，打开"网格"对话框。单击▇按钮将网格颜色设置为"紫色"，选中☑贴紧至网格复选框使对象自动吸附到最近的网格上，分别在"宽"和"高"文本框中输入 20 像素，在"贴紧精确度"

下拉列表中选择"必须接近"选项，如图 1-43 所示。单击 [确定] 按钮，完成网格的设置。

图 1-40 打开文档

图 1-41 显示标尺

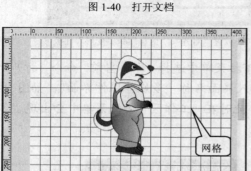

图 1-42 显示网格

图 1-43 设置网格属性

（5）在菜单栏中选择"视图"→"辅助线"→"显示辅助线"命令，使辅助线呈可显示状态，然后将鼠标指针移动到场景上方标尺处并按住鼠标左键不放向下拖动到舞台中，制作出舞台中的水平辅助线，用相同的方法从左边标尺处拖动鼠标制作出垂直辅助线，如图 1-44 所示。

（6）在菜单栏中选择"视图"→"辅助线"→"编辑辅助线"命令，在打开的"辅助线"对话框中对辅助线的颜色进行设置，同时还可为辅助线设置贴紧、锁定等属性，如图 1-45 所示。

图 1-44 显示并拖动出辅助线

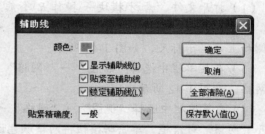

图 1-45 设置辅助线属性

☎提示：若不需要辅助线，可以选择"视图"→"辅助线"→"清除辅助线"命令将辅助线清除掉。

知识回顾

本任务主要介绍了 Flash CS3 动画制作环境的设置方法，包括场景尺寸、背景颜色、工作面板、标尺、网格、辅助线等内容。通过对本任务的学习，读者可掌握设置动画制作环境的基本方法，为以后制作动画打下基础。

实训一　创建"我爱 Flash 动画"文档

实训目标

本实训的目标是启动 Flash CS3，新建动画文档，并对文档属性进行设置、保存、关闭等操作。

实训要求

（1）创建一个 Flash 文档。
（2）设置文档的大小为"400×300 像素"，背景颜色为蓝色。
（3）显示网格和辅助线。
（4）将新建的动画文档保存为"我爱 Flash 动画"，并关闭动画文档。

操作步骤

（1）启动 Flash CS3，在启动向导对话框中单击  按钮，创建一个 Flash 文档。

（2）打开"属性"面板，设置文档的大小为"400×300 像素"，背景颜色为蓝色，其他选项为默认值，如图 1-46 所示。

（3）选择"视图"→"标尺"命令显示标尺。

（4）选择"视图"→"网格"→"显示网格"命令显示网格。

（5）选择"视图"→"辅助线"→"显示辅助线"命令，将鼠标指针分别定位到上方标尺和左侧标尺处拖动制作出水平和垂直辅助线，如图 1-47 所示。

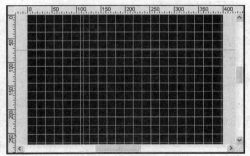

图 1-46　设置文档属性　　　　　　　　　　图 1-47　设置场景视图

（6）选择"文件"→"保存"命令，在打开的"另存为"对话框的"保存在"下拉列表中选择文档的保存路径，在"文件名"下拉列表中输入"我爱 Flash 动画"，如图 1-48 所示。单击 保存(S) 按钮，保存动画文档。

图 1-48　保存文档

（7）选择"文件"→"关闭"命令，关闭动画文档。

实训二　查看"我爱 Flash 动画"文档

实训目标

本实训的目标是完成打开已有的动画文档、查看文档（包括缩放场景、移动场景）、另存文档、退出 Flash CS3 等操作。

实训要求

（1）打开 Flash 文档"我爱 Flash 动画"。
（2）缩放、移动场景。
（3）将该文档另存为"大家都爱 Flash 动画"。
（4）退出 Flash CS3。

操作步骤

（1）启动 Flash CS3，在启动向导对话框中单击 我爱Flash动画.fla 按钮，打开"我爱 Flash 动画"文档。

（2）在时间轴面板右上角的 100% 下拉列表中选择"300%"，设置场景中的对象按300%显示，如图 1-49 所示。

（3）单击工具箱中的 按钮选中"缩放工具"，然后在"选项"区域中单击 按钮。将鼠标指针移动到场景中并单击一次，将场景按15%缩小显示，效果如图 1-50 所示。

（4）分别拖动文档窗口的水平和垂直滚动条移动场景，如图 1-51 所示。

（5）选择"文件"→"另存为"命令，打开"另存为"对话框，选择文档保存的路径并输入文件名"大家都爱 Flash 动画",如图 1-52 所示。单击 保存(S) 按钮,保存动画文档。

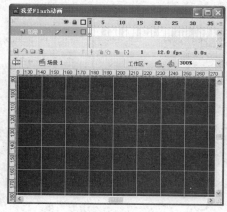

图 1-49 按 300%显示场景

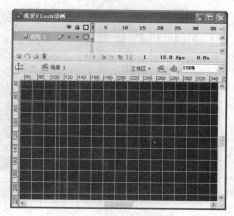

图 1-50 按 150%显示场景

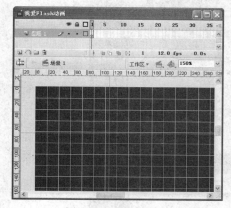

图 1-51 移动场景

图 1-52 另存文档

(6)单击主窗口上的 X 按钮或按【Ctrl+Q】组合键,退出 Flash CS3。

拓 展 练 习

1. 在 Flash CS3 中完成下面的基本操作,效果如图 1-53 所示。

(1)新建一个 Flash 文档。
(2)设置场景的大小和背景颜色。
(3)显示标尺和网格。
(4)在场景中创建水平辅助线和垂直辅助线,再删除舞台中多余的辅助线。
(5)保存文档为"我的动画"。

2. 制作动画。

新建一个动画文档,设置个性化的工作界面,并保存为"商务网站制作"界面,效果如

图 1-54 所示。

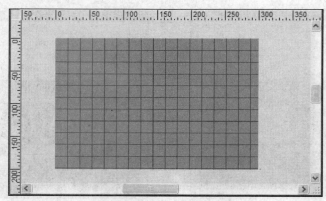

图 1-53　新建文档

图 1-54　个性化工作界面

模块二 绘制与编辑图形

模块简介

使用 Flash 进行动画制作时，需要先掌握图形的绘制及编辑操作，因为各个动画都是由多个对象组成的，要使对象具有动画效果，就必须先有对象存在。

Flash 具有强大的绘图功能，而且所绘图形都是矢量图形，可以任意放大或缩小而不失真，从而保证了动画对象在任何状态下都处于最佳状态。

Flash CS3 中提供了多种绘图工具及编辑工具，如用于绘制规则图形的矩形工具、椭圆工具、基本矩形工具等，用于绘制不规则图形的钢笔工具、线条工具等，以及对图形进行编辑的任意变形工具等。

学习目标

- 📖 了解工具箱中各个工具的作用
- 📖 掌握绘图工具的基本操作方法
- 📖 掌握填充图形的基本操作方法
- 📖 掌握编辑工具的基本操作方法
- 📖 熟悉基本的绘图技巧

任务一 绘 制 图 形

任务目标

本任务的目标是通过绘制乡村小屋、月夜星空等实例来了解矩形工具、椭圆工具等绘图工具的作用和操作方法。

任务分析

Flash CS3 中的绘图工具主要包括选择工具、部分选取工具、任意变形工具、套索工具、钢笔工具、文本工具、线条工具、矩形工具、椭圆工具、基本矩形工具、基本椭圆工具、多角星形工具、铅笔工具、刷子工具等，图 2-1 所示为 Flash CS3 工具箱中的部分工具，将鼠标指针移动到工具图标上单击就可以选择相应的工具，然后即可使用该工具进行相应的操作。

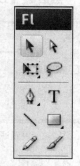

图 2-1　绘图工具

- 选择工具 ▶：它的主要作用是对场景中的对象进行选择、移动，以及对一些线条、图形的形状进行修改等操作。
- 部分选取工具 ▶：它的主要作用是对场景中的矢量图形

进行选择，并通过图形上的节点对形状进行编辑。

- 任意变形工具组 ▦ ：该组工具的主要作用是对图形进行缩放、旋转、倾斜、翻转等变形操作。
- 套索工具 ▱ ：用于选取部分图形。
- 钢笔工具组 ♦ ：该组工具的主要作用是以贝赛尔曲线的方式绘制和编辑图形轮廓。在绘制的过程中，通过调整路径的节点或节点的控制手柄可以得到复杂的图形。
- 文本工具 T ：用于输入文本。
- 线条工具 ＼ ：用于绘制直线线段。
- 矩形、椭圆和多角星形工具 ▢ ：用于绘制矩形、椭圆形和多边形或星形。
- 铅笔工具 ✎ ：用于绘制任意形状的曲线和直线。
- 刷子工具 ✐ ：用于绘制矢量色块。

☎提示：Flash 工具箱中 ▦ 等图标右下角有一个小三角形图标，表示这是工具组，将鼠标指针移动到该图标上按住鼠标左键不放，稍等片刻即可弹出该工具组中的其他工具，移动鼠标指针到需要的工具上单击就可以选择相应的工具。

操作一　认识绘图工具

通过前面的介绍，我们已了解了绘图工具的基本作用，下面一起来认识这些绘图工具的基本操作方法，其具体操作步骤如下。

（1）新建一个 Flash 文档，在"绘图"工具箱中选择线条工具 ＼ ，在"属性"面板中的"笔触高度"数值框中输入 3，在"笔触样式"下拉列表中选择"实线"选项，将"笔触颜色"设置为蓝色，如图 2-2 所示。

（2）将鼠标指针移动到场景中的适当位置，当鼠标指针变为十形状时，按住鼠标左键不放进行拖曳，至合适位置后释放鼠标左键，完成如图 2-3 所示线段的绘制。

（3）按住【Shift】键的同时拖曳鼠标可以绘制出如图 2-4 所示的水平线段、垂直线段或 45° 斜角的线段。

（4）在"绘图"工具箱中选择选择工具 ▸ ，将鼠标指针移动到场景中要删除图形的左上角，按住鼠标左键不放并向右下角拖曳，至要删除图形右下角时释放鼠标以框选图形，如图 2-5 所示，然后按【Delete】键可删除图形。

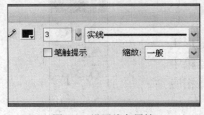
图 2-2　设置线条属性

图 2-3　绘制线段

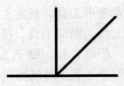
图 2-4　绘制水平或垂直线段

（5）在"绘图"工具箱中选择钢笔工具 ♦ ，将鼠标指针移动到场景中的适当位置，当鼠标指针变为 ♦ 形状时，单击鼠标左键确定初始点，将鼠标指针移动到终点位置，按住鼠标左键不放并拖曳鼠标调节曲线幅度，如图 2-6 所示。

（6）在"绘图"工具箱中选择选择工具，完成曲线的绘制，其完成后的效果如图 2-7 所示。

图 2-5　框选图形　　　　　图 2-6　调节曲线幅度　　　　　图 2-7　绘制出的曲线

（7）在"绘图"工具箱中选择钢笔工具，将鼠标指针移动到场景中的合适位置，依次单击鼠标左键，绘制出如图 2-8 所示的图形。

（8）在"绘图"工具箱中按住钢笔工具不放，在弹出的下拉列表中选择添加锚点工具，将鼠标指针移动到绘制的线条上，单击鼠标左键进行锚点的添加。在"绘图"工具箱中选择部分选取工具，将鼠标指针移动到添加的锚点上并按住鼠标左键不放拖曳锚点进行锚点位置的调整，如图 2-10 所示。

（9）将鼠标指针移动到"绘图"工具箱中添加锚点工具图标上，按住鼠标左键不放，在弹出的下拉列表中选择删除锚点工具，将鼠标指针移动到曲线的节点上单击鼠标左键删除节点，效果如图 2-11 所示。

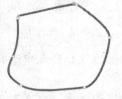   

图 2-8　绘制图形　　图 2-9　选择添加锚点工具　　图 2-10　添加锚点　　图 2-11　删除锚点

（10）在"绘图"工具箱中选择铅笔工具，在"选项"工具箱中的"铅笔模式"栏中选择直线化模式，像平时用铅笔绘画一样，按住鼠标左键不放进行拖曳，完成如图 2-12 所示线条的绘制。再在"铅笔模式"栏中分别选择平滑模式和墨水模式，并在场景中拖动鼠标即可绘制出如图 2-13 和图 2-14 所示的线条。

图 2-12　绘制直线化线　　　　图 2-13　绘制平滑线　　　　图 2-14　绘制墨水线

（11）在"绘图"工具箱中选择矩形工具，在"颜色"工具箱中将"笔触颜色"设置为黑色，将"填充颜色"设置为红色，将鼠标指针移动到场景中合适位置，按住鼠标左键不放从左上角向右下角拖曳，至合适位置后释放鼠标左键，完成如图 2-15 所示矩形的绘制。

（12）单击"属性"面板中的🔒按钮，解除比例锁定，设置"矩形边角半径"分别为 20、20、−20、20，如图 2-16 所示，在场景中绘制出如图 2-17 所示的不规则矩形。

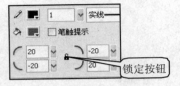

图 2-15　绘制矩形　　　　　　图 2-16　设置矩形属性　　　　　图 2-17　绘制不规则矩形

（13）在"绘图"工具箱中按住矩形工具图标▣不放，在弹出的下拉列表中选择基本椭圆工具◉，按住【Shift】键的同时，按下鼠标左键不放并向右下角拖曳，至合适位置后释放鼠标左键，完成如图 2-18 所示的圆形绘制。

（14）选择选取工具▶，将鼠标指针定位到圆的中心节点上，此时鼠标指针变为▶形状，按住鼠标左键不放向圆外拖曳，以调整内圆的大小，如图 2-19 所示。

（15）用同样的方法，将鼠标指针定位到圆外圈的节点上按住鼠标左键不放进行拖曳，至合适缺口时释放鼠标，完成如图 2-20 所示的图形绘制。

图 2-18　绘制圆　　　　　　　图 2-19　绘制圆环　　　　　　　图 2-20　拖动节点

（16）在"绘图"工具箱中按住基本椭圆工具图标◉不放，在弹出的下拉列表中选择多角星形工具⬠，在场景中绘制出如图 2-21 所示的多边形。

（17）在"属性"面板中单击 选项... 按钮，打开"工具设置"对话框，在"样式"下拉列表中选择"星形"选项，在"边数"文本框中输入 6，再单击 确定 按钮，如图 2-22 所示。在场景中合适位置按住鼠标左键不放进行拖曳，至合适位置后释放鼠标，完成如图 2-23 所示的星形图形的绘制。

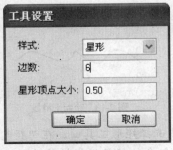

图 2-21　绘制多边形　　　　　图 2-22　设置工具属性　　　　　图 2-23　绘制星形

操作二　绘制乡村小屋

通过绘制乡村小屋图形，我们可以掌握"线条工具"、"矩形工具"、"椭圆工具"和"钢笔工具"的使用方法，其具体操作步骤如下。

（1）新建一个 Flash 文档，设置文档大小为"400×300 像素"。

（2）在"绘图"工具箱中选择矩形工具■，在"属性"面板中设置"笔触颜色"为黑色，单击"填充颜色"图标■，在弹出的颜色列表中单击右侧的☑图标，将其设置为无颜色。在"属性"面板中设置"笔触高度"为 0.25，如图 2-24 所示，然后在场景中绘制一个与场景相同大小的矩形。

（3）在"绘图"工具箱中选择线条工具＼，在矩形内部绘制一条线段，然后在"绘图"工具箱中选择选取工具▶，将鼠标指针定位到绘制的线段上，当鼠标指针变为⌐形状时，按住鼠标左键不放向上拖曳，将线段调整为曲线，如图 2-25 所示。

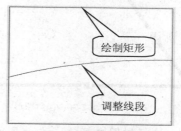

图 2-24　设置矩形属性　　　　　　　　图 2-25　绘制图形轮廓线条

（4）在"绘图"工具箱中选择钢笔工具♦，在场景中绘制出如图 2-26 所示的小山曲线图形。

（5）选择选取工具▶，将鼠标指针移动到曲线上，双击曲线以选择曲线，然后按住鼠标左键不放向下拖曳，将其放置到如图 2-27 所示的位置后释放鼠标。

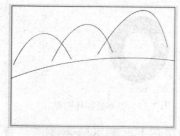

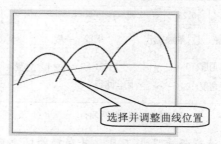

图 2-26　绘制曲线　　　　　　　　　　图 2-27　调整曲线位置

（6）按住【Shift】键的同时选择选择工具▶，并分别单击小山与地平线相交下方的线条，然后按【Delete】键将其删除。分别选取小山两侧的边界线条并拖动到合适位置，如图 2-28 所示。

（7）选择矩形工具■，在场景中绘制一个矩形。选择任意变形工具▨，将鼠标指针移动到图形上方的水平线条边缘位置，此时鼠标指针变为➡形状，如图 2-29 所示，这时按住鼠标左键并向左右拖曳鼠标即可使图形倾斜。

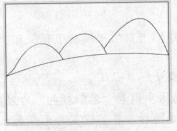

图 2-28 修改线条

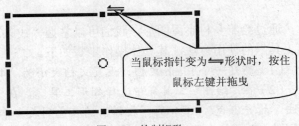

图 2-29 绘制矩形

（8）按住鼠标左键不放并向右拖曳鼠标使图形向右倾斜以作为房顶，如图 2-30 所示。

（9）选择线条工具 \，绘制出小屋的其他线条，并删除多余的线条，如图 2-31 所示。

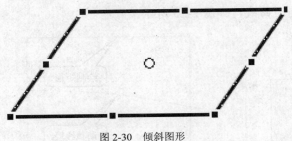

图 2-30 倾斜图形

图 2-31 绘制小屋

（10）选择椭圆工具 ，在"属性"面板中设置"笔触颜色"为无颜色，单击"填充颜色"图标 ，在弹出的颜色列表中单击左下角的 图标，将其设置为红黑放射状渐变色。在"属性"面板中设置椭圆"内径"为 50，如图 2-32 所示。

（11）按住鼠标左键不放在场景中绘制一个基本椭圆，并调整内环的大小，完成后的效果如图 2-33 所示。

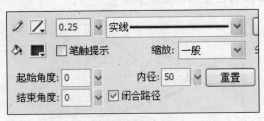

图 2-32 设置椭圆属性

图 2-33 绘制椭圆环图形

（12）选择任意变形工具 并在椭圆环上单击，此时在椭圆环上出现 8 个控制点。将鼠标指针移动到左上角的控制点上，当鼠标指针变为 形状时，按住鼠标左键不放并拖曳以调整椭圆环的大小，如图 2-34 所示。

（13）用选取工具 将椭圆环拖曳到小屋的左侧门上。并保持选取工具的选中状态，在按住【Alt】键的同时，将鼠标指针移动到左侧门上的椭圆环上，按住鼠标左键不放将其水平拖曳到右侧门上合适位置后释放鼠标，完成椭圆环的复制操作，如图 2-35 所示。

图 2-34　调整椭圆环大小

图 2-35　复制椭圆环

（14）用选择工具 框选绘制好的小屋图形，并按【Ctrl+G】组合键将图形组合在一起，然后将其拖曳到右侧小山山脚下，如图 2-36 所示。

（15）用线条工具 绘制出小路的轮廓线条，并用选择工具 调整线条幅度，完成后的效果如图 2-37 所示。

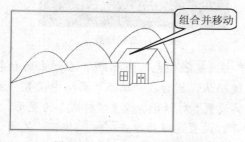

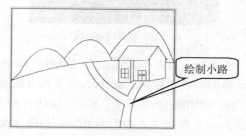

图 2-36　组合并调整小屋位置

图 2-37　绘制小路

操作三　　绘制月夜星空

通过绘制月夜星空图形，我们可以掌握"椭圆工具"、"多角星形工具"和"刷子工具"的使用方法，其具体操作步骤如下。

（1）新建一个 Flash 文档，设置文档大小为"450×300 像素"，背景颜色为黑色。

（2）在"绘图"工具箱中选择椭圆工具 ，在"属性"面板中设置"笔触颜色"为蓝色，"填充颜色"为黄色，在场景中绘制一个椭圆，如图 2-38 所示。

（3）选择选择工具 ，框选绘制的椭圆后按住【Alt】键，将鼠标指针移动到椭圆上，按住鼠标左键不放向右上角拖曳，至如图 2-39 所示的位置时释放鼠标，完成椭圆的复制操作。

图 2-38　绘制椭圆

图 2-39　再复制一个椭圆

（4）保持复制椭圆的选中状态，并按【Delete】键将其删除，完成月牙形的制作，如图2-40所示。

（5）将鼠标指针移动到原椭圆蓝色边线上，双击鼠标左键以选择线条，然后按【Delete】键删除选择的蓝色边线，如图2-41所示。

图2-40　删除填充区域

图2-41　删除线条

（6）选择多角星形工具，在"属性"面板中单击"笔触颜色"图标，在弹出的颜色列表上方的文本框中输入"#cccccc"并按【Enter】键确认，然后在"属性"面板中设置"填充颜色"为"#ffff66"，并单击 选项... 按钮打开"工具设置"对话框。设置"样式"为星形，"边数"为5，"星形顶点大小"为0.50，如图2-42所示。设置完成后单击 确定 按钮，关闭"工具设置"对话框。

（7）在场景中拖曳鼠标绘制如图2-43所示大小不等的五角星。

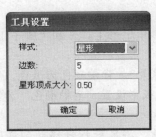

图2-42　设置工具属性

图2-43　绘制五角星

（8）在"属性"面板中单击 选项... 按钮，打开"工具设置"对话框。设置"样式"为星形，"边数"为4，"星形顶点大小"为0.70，如图2-44所示。

（9）在场景中绘制如图2-45所示大小不等的四角星形。

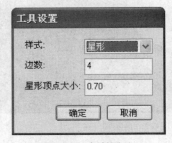

图2-44　倾斜图形

图2-45　绘制四角星

（10）在"绘图"工具箱中选择刷子工具，在"选项"工具箱中选择"刷子模式"为标准绘画，"刷子形状"为。在"颜色"工具箱中选择"填充颜色"为灰色，在场景中绘制出如图 2-46 所示的云。

（11）选择"刷子模式"为后面绘图，在月亮区域绘制出如图 2-47 所示的云。

图 2-46　标准绘画模式绘图

图 2-47　后面绘图模式绘图

提示：刷子工具绘制出的图形为填充颜色，并且有 5 种绘图模式，选择不同的绘图模式可以绘制不同的效果。

操作四　绘制卡通形象

通过绘制卡通形象，读者可掌握"铅笔工具"、"椭圆工具"、"钢笔工具"和删除锚点工具的使用方法。绘制卡通形象的具体操作步骤如下。

（1）新建一个 Flash 文档，设置文档大小为"300×300 像素"，将背景颜色设置为白色。

（2）在"绘图"工具箱中选择钢笔工具，设置"笔触颜色"为黑色，在场景中的合适位置开始起笔，依次绘制连续曲线直到与起始点重复封闭，如图 2-48 所示。

（3）用选择工具双击选取线条，然后在"选项"工具箱中单击几次 按钮使线条平滑，如图 2-49 所示。

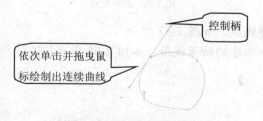

控制柄

依次单击并拖曳鼠标绘制出连续曲线

图 2-48　绘制出封闭曲线

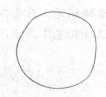

图 2-49　使线条平滑

（4）选择钢笔工具，用相同的方法绘制出耳朵图形，如图 2-50 所示。

（5）选择添加锚点工具，在耳朵线条适当的位置单击添加多个锚点，如图 2-51 所示。

（6）再将鼠标指针移动到添加的锚点上单击以选中该锚点，再按键盘上的方向键以调整耳朵的形状，调整后的效果如图 2-52 所示。

  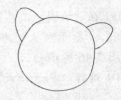

图 2-50　绘制耳朵线条　　　　图 2-51　添加锚点　　　　图 2-52　调整耳朵形状

（7）选择钢笔工具 ，绘制出嘴的轮廓线条，然后选择铅笔工具 ，绘制出头发和其他线条，如图 2-53 所示。

（8）选择椭圆工具 ，设置填充颜色为灰色，绘制出鼻子图形，然后选择钢笔工具 ，设置填充颜色为无颜色，绘制出眼睛轮廓，并用铅笔工具 绘制眼珠线条，如图 2-54 所示。

（9）选择钢笔工具 ，绘制出裙子的连续线条，如图 2-55 所示。

（10）选择删除锚点工具 ，删除如图 2-56 所示位置的锚点，以便出现裙角形状。

图 2-53　绘制嘴及其他线条　　　　　　　　图 2-54　绘制鼻子及眼睛

图 2-55　绘制裙子线条　　　　　　　　图 2-56　删除锚点

（11）选择钢笔工具 ，绘制手臂轮廓线条，如图 2-57 所示。

（12）选择铅笔工具 ，绘制出手臂和裙子的细节线条，如图 2-58 所示。

图 2-57　绘制手臂轮廓线条　　　　　　　　图 2-58　绘制细节线条

（13）选择椭圆工具 ，设置填充颜色为"#CCFFFF"，然后在裙子上绘制如图 2-59 所示的装饰圆圈。

（14）选择钢笔工具，绘制腿和鞋子的轮廓线条，再选择铅笔工具，绘制出鞋子细节线条，如图 2-60 所示。

图 2-59　绘制圆圈　　　　　　　　图 2-60　绘制细节线条

（15）选择"文件"→"保存"命令，将其保存为"绘制卡通形象.fla"。

☎ 提示：和其他工具比较，钢笔工具是比较难掌握的绘图工具，使用钢笔工具要有耐性，反复练习，同时要掌握调整锚点的位置及形状的方法，才能绘制出流畅的曲线。

知识回顾

本任务主要熟悉了 Flash CS3 绘图工具的作用，重点介绍了线条工具、铅笔工具、钢笔工具、椭圆工具等工具的使用及调整方法。只有熟练地掌握了这些工具的使用方法及编辑技巧，才能绘制出专业的图形。

任务二　填　充　图　形

任务目标

本任务的目标是掌握填色工具的使用方法，熟悉颜色填充的基本知识。

任务分析

在掌握了绘图工具的基本操作方法和绘图的基本知识后，为了制作多彩的动画，常需要对图形填充颜色。Flash CS3 的填色工具主要有颜料桶工具、墨水瓶工具、渐变变形工具、滴管工具和橡皮擦工具，填充颜色的方式包括填充纯色、填充渐变色、填充图案、添加轮廓等。

操作一　填充乡村小屋

通过填充乡村小屋图形，我们可以掌握"墨水瓶工具"、"颜料桶工具"和"颜色"面板的使用方法。填充乡村小屋的具体操作步骤如下。

（1）打开文件"素材\模块二\绘制乡村小屋.fla"，并将其另存为"填充乡村小屋.fla"，如图 2-61 所示。

（2）在"绘图"工具箱中选择颜料桶工具，在"颜色"工具箱中单击 按钮，在弹出的颜色列表中选择 "#0066FF" 颜色作为填充颜色，如图 2-62 所示。

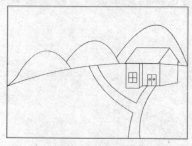

图 2-61　打开的文件

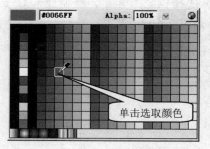

图 2-62　选取颜色

（3）将鼠标指针移动到场景中的天空区域单击鼠标左键，将天空填充为蓝色，如图 2-63 所示。

（4）在窗口右侧单击 样本 按钮，在打开的 "样本" 面板中选择深绿色作为填充颜色，如图 2-64 所示。

图 2-63　填充天空颜色

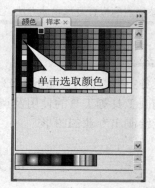

图 2-64　选择颜色

（5）将鼠标指针移动到场景中的山峰区域单击鼠标左键，将山峰填充为深绿色，如图 2-65 所示。

（6）在窗口右侧单击 颜色 按钮，在打开的颜色面板中选取绿色，然后拖动滑块调整颜色深度，如图 2-66 所示。

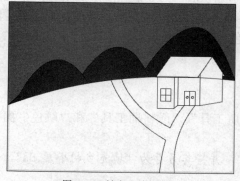

图 2-65　填充山峰颜色

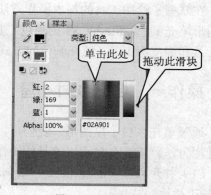

图 2-66　调整颜色深度

（7）用相同的方法将草地填充为浅绿色，如图 2-67 所示。

（8）用相同的方法分别将小屋和小路填充为 "#666666"、"#FFCC99"、"#00FF33"、"#FF3300" 和 "#999999" 颜色，如图 2-68 所示。

（9）在"绘图"工具箱中选择墨水瓶工具 ，在"颜色"工具箱中单击 按钮，在弹出的颜色列表中选择 "#FF3300" 颜色作为笔触颜色。在"属性"面板中设置"笔触高度"为 5.5，"笔触样式"为虚线，如图 2-69 所示。

（10）将鼠标指针定位到小路区域中，单击鼠标左键填充小路边线，效果如图 6-70 所示。

（11）用选择工具 双击图形的轮廓线条选择线条，然后按【Delete】键删除线条，完成效果如图 2-71 所示。

图 2-67 填充草地颜色

图 2-68 填充小屋和小路

图 2-69 设置墨水瓶属性

图 2-70 填充小路边线

（12）选择"文件"→"保存"命令保存文件。

图 2-71 完成效果

操作二　填充精细风景

通过填充精细风景图形，我们可以掌握"颜料桶工具"、"颜色"面板的使用方法和线性渐变色的填充方法。填充精细风景图形的具体操作步骤如下。

（1）打开文件"素材\模块二\精细风景.fla"，并将其另存为"填充精细风景.fla"，如图 2-72 所示。

（2）在"绘图"工具箱中选择颜料桶工具 ，然后在窗口右侧单击 颜色 按钮，打开"颜色"面板，在"类型"下拉列表中选择"线性"，如图 2-73 所示。

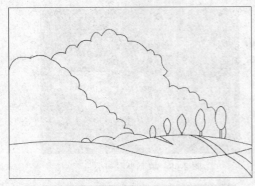

图 2-72　打开的文件

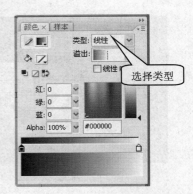

图 2-73　"颜色"面板

（3）在"颜色"面板中单击左侧的色标 ，然后在右上方的颜色文本框中输入"#B1F152"，单击右边的色标 ，设置颜色为"#04AE58"，完成"#B1F152"到"#04Ae58"渐变色设置，如图 2-74 所示。

（4）将鼠标指针定位到图形的封闭区域，按住鼠标左键不放向下拖曳（见图 2-75）至合适的位置后松开鼠标左键，即可将草地填充为渐变色，如图 2-76 所示。

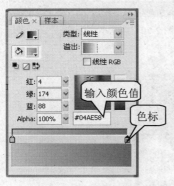

图 2-74　设置渐变色

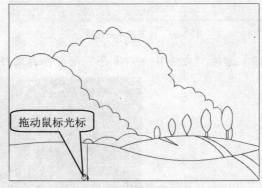

图 2-75　拖动鼠标

（5）打开"颜色"面板，设置渐变色为"#D8FCF3"和"#8BF3C9"，然后将鼠标指针定位到右侧的色标上，按住鼠标左键并向左拖曳至合适位置后释放鼠标，完成调整渐变色的调整，如图 2-77 所示。

图 2-76 填充颜色

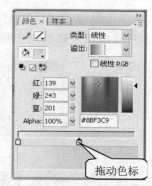

图 2-77 调整渐变色

（6）将鼠标指针定位到云朵区域，从右向左拖曳鼠标将云朵填充为如图 2-78 所示的渐变色。

（7）用相同的方法设置渐变色为 "#E7FCFE"、"#9FF9EF"，并为右侧的云朵区域填充渐变色，如图 2-79 所示。

图 2-78 填充云朵颜色

图 2-79 填充云朵颜色

（8）打开 "颜色" 面板，设置渐变色为 "#C8F581"、"#47FCA0"，将鼠标指针移动到色标之间的位置，当鼠标指针变为形状时，单击鼠标左键以添加一个色标，选中该色标后将其颜色设置为 "#8EFA74"，如图 2-80 所示。

（9）参照前面的方法，填充天空颜色为渐变色，如图 2-81 所示。

图 2-80 添加渐变色

图 2-81 填充天空颜色

（10）打开 "颜色" 面板，将鼠标指针定位到色标上，按住鼠标左键向下拖曳，删除色标，然后将渐变色设置为"#55860B"、"#026433",并填充小坡区域,如图 2-82 所示。

(11)用相同的方法填充小树和小路区域,效果如图 2-83 所示。

图 2-82　填充小坡颜色

图 2-83　填充小树颜色

(12)在"绘图"工具箱中选择滴管工具 ，将鼠标指针移动到如图 2-84 所示的区域中后单击鼠标左键进行取色,此时鼠标指针变为 形状,将鼠标指针移动到要填充的区域中单击鼠标左键以填充颜色。

(13)用选择工具 在场景外侧双击轮廓线条选择线条,按【Delete】键删除线条,删除后的效果如图 2-85 所示。最后选择"文件"→"保存"命令保存文件。

图 2-84　在色块中取色

图 2-85　删除线条轮廓

☎提示:用颜料桶填充渐变色时,在选项区域可以选择锁定填充 和解除锁定填充 ,锁定填充时颜料桶工具为 形状,只能填充固定渐变色,不能拖动调整填充比例;解除锁定时颜料桶为 形状,可以拖动填充图形。

操作三　填充珍珠心

通过填充珍珠心图形,我们可以掌握"颜料桶工具"、"渐变变形工具"、"颜色"面板的使用方法和放射状渐变色以及位图的填充方法。填充珍珠心的具体操作步骤如下。

(1)新建一个 Flash 文档,设置文档大小为"400×300 像素"。选择矩形工具,设置填充颜色为无颜色,在场景中绘制一个矩形。然后选择椭圆工具,按住【Shift】键的同时,在场景中拖曳鼠标绘制一个圆,如图 2-86 所示。

（2）选择颜料桶工具 ，然后打开"颜色"面板，在"类型"下拉列表中选择"位图"选项，如图 2-87 所示。

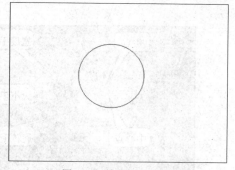

图 2-86 绘制矩形及圆

图 2-87 选择位图选项

（3）在弹出的"导入到库"对话框中选择位图"填充位图.jpg"（见图 2-88），然后单击 打开(0) 按钮关闭对话框，完成设置填充颜色为位图的操作，如图 2-89 所示。

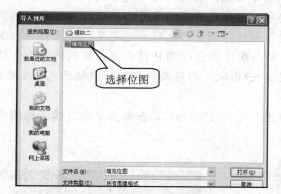

图 2-88 "导入到库"对话框

图 2-89 设置填充色为位图

（4）将鼠标指针移动到矩形区域，然后单击鼠标左键将矩形填充为位图颜色，如图 2-90 所示。

（5）打开"颜色"面板，在"类型"下拉列表中选择"放射状"选项，设置左右色标分别为"#FFFFFF"、"#C8F361"，并保持右侧色标选中状态的情况下，设置"Alpha"的值为"80%"，以调整颜色的透明度，如图 2-91 所示。

图 2-90 填充矩形

图 2-91 调整渐变色

（6）将鼠标指针移动到图中单击以将圆填充为渐变色，如图 2-92 所示。

（7）在"绘图"工具箱中选择渐变变形工具 ，将鼠标指针移动到椭圆上单击以准备对渐变色进行调整，如图 2-93 所示。

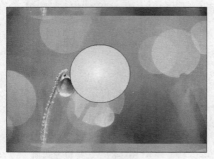

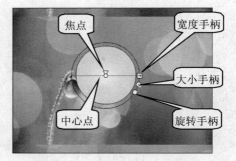

焦点
宽度手柄
大小手柄
中心点
旋转手柄

图 2-92　填充圆 　　　　　　　　　　　　　　图 2-93　用渐变变形工具选择椭圆

（8）将鼠标指针定位到"中心点"上，鼠标指针变为 形状，按住鼠标左键不放拖曳到合适的位置后松开鼠标左键以调整渐变色的中心点；将鼠标指针定位到"焦点"上，鼠标指针变为▽形状，左右拖动"焦点"可调整中心点颜色所在的位置；将鼠标指针定位到"旋转手柄"上，鼠标指针变为 形状，拖动进行旋转以调整颜色所在的角度；将鼠标指针定位到"大小手柄"上，鼠标指针变为 形状，向内或外拖曳以调整颜色所占区域的大小；将鼠标指针定位到"宽度手柄"上，鼠标指针变为 形状，向内或外拖曳可调整颜色紧缩的范围，如图 2-94 所示。

（9）选择墨水瓶工具，设置"笔触颜色"为"#C8F361"，在圆上单击以填充椭圆边线颜色，完成后的效果如图 2-95 所示。

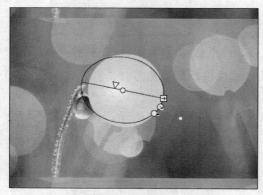

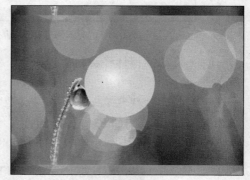

图 2-94　调整渐变色 　　　　　　　　　　　　　　图 2-95　填充线条

（10）最后选择"文件"→"保存"命令保存文件。

▍知识回顾

本任务主要熟悉了 Flash CS3 填色工具的设置和作用，以及颜色填充及调整的方法，熟练并灵活地掌握这些方法是绘制出多彩图形的前提。在进行颜色配置时需要一定的经验，我们可以参考配色方面的图书以提高自己对色彩的敏感度，让所配色彩更符合现实，更美观。

实训一　绘制风景画

实训目标

本实训的目标是练习线条工具、矩形工具、椭圆工具、刷子工具、钢笔工具、铅笔工具的操作技巧和填色工具的综合应用。

实训要求

（1）建立一个 Flash 文档。
（2）用矩形工具、线条工具和钢笔工具绘制风景轮廓线条。
（3）用铅笔工具和刷子工具绘制图形细节。
（4）对图形进行颜色填充。

操作步骤

（1）新建一个 Flash 文档，设置文档大小为 "450×360 像素"。选择矩形工具 □，设置 "笔触颜色" 为黑色，"填充颜色" 为无颜色，在场景中绘制一个矩形作为风景轮廓。用线条工具 ＼ 绘制一条线段并用选择工具 ▶ 将其调整为曲线作为草地轮廓，用钢笔工具 ⬧ 绘制一条曲线作为山峰轮廓，然后用椭圆工具 ○ 绘制一个圆作为太阳轮廓，如图 2-96 所示。

（2）选择刷子工具 ✏，设置填充颜色为 "#993300"，绘制出柳树。再设置填充颜色为 "#FF6600"，在太阳轮廓下方绘制如图 2-97 所示的图形。

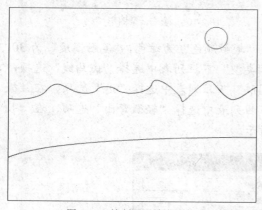

图 2-96　绘制图形轮廓线条

图 2-97　用刷子工具绘制图形

（3）在 "选项" 区域设置刷子大小为 ·，形状为 ❚，填充颜色为绿色，然后绘制柳树叶子，如图 2-98 所示。

（4）用颜料桶工具 ◌ 分别将天空填充为 "#FD7113" 到 "#D5FCAD" 的渐变色，将山峰填充为绿色到白色的渐变色，将草地填充为浅绿渐变色，将太阳填充为橙色到白色的放射状渐变色，如图 2-99 所示。

（5）用铅笔工具 ✎ 绘制出云朵轮廓线条，再选择颜料桶工具 ⬧，在"颜色"面板中设置渐变色为"#E0FD9B"、"#F1F8D3"，并设置右侧色标 Alpha 的值为 60%，如图 2-100所示。

图 2-98　绘制柳树叶子

图 2-99　填充图形

（6）填充云朵颜色，如图 2-101 所示。

图 2-100　设置渐变色

图 2-101　填充云朵图形

（7）选择线条工具 ╲，在"属性"面板中设置"笔触颜色"为绿色，"笔触高度"为 30。单击 自定义... 按钮，打开"笔触样式"对话框，在"类型"下拉列表中选择"斑马线"选项，在"粗细"下拉列表中选择"极细"选项，在"间隔"下拉列表中选择"近"选项，在"微动"下拉列表中选择"松散"选项，在"曲线"下拉列表中选择"轻微弯曲"选项，在"长度"下拉列表中选择"随机"选项，如图 2-102 所示。

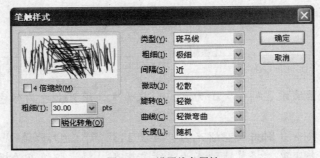

图 2-102　设置线条属性

（8）设置完成后单击 确定 按钮关闭对话框，然后在场景中绘制线条，效果如图 2-103 所示。

（9）依次选择场景中的所有轮廓线条，并按【Delete】键删除，完成效果如图 2-104 所示。

☎ 提示：使用选择工具双击轮廓线条，当线条连接在一起时，可以同时选中相连的所有线条。

图 2-103　用线条工具绘制小草

图 2-104　删除轮廓线条

（10）选择"文件"→"保存"命令，将其保存为"绘制风景 fla"。

实训二　绘制"红心"图形

实训目标

本实训的目标是练习椭圆工具、部分选取工具、删除锚点工具、颜料桶工具和渐变变形工具的操作技巧和综合应用方法。

实训要求

（1）建立一个 Flash 动画文档，设置文档的大小为"300×300 像素"。

（2）用椭圆工具绘制椭圆，并用部分选取工具调整图形为心形。

（3）用颜料桶工具填充图形。

（4）用渐变变形工具调整渐变色。

操作步骤

（1）新建一个 Flash 文档，设置文档大小为"300×300 像素"。选择椭圆工具 ○，设置"笔触颜色"为黑色，"笔触高度"为 0.25，"笔触样色"为实线，在场景中绘制出一个椭圆。然后选择选择工具，框选椭圆后，按住【Alt】键的同时，将绘制的椭圆水平向右移动至如图 2-105 所示位置后释放鼠标，完成椭圆的复制与移动操作。

（2）用选择工具 ▶ 选择两个椭圆相交部分的线条，按【Delete】键将其删除，如图 2-106 所示。

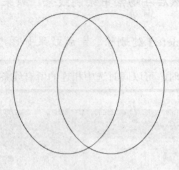 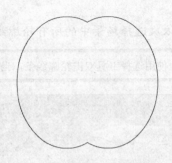

图 2-105　绘制两个椭圆　　　　　　　　　　图 2-106　删除相交线条

（3）用部分选择工具 单击选择线条让其出现锚点，将鼠标指针移动到底部锚点上，鼠标指针变为 形状，按住鼠标左键不放向下拖曳到合适位置后释放鼠标，如图 2-107 所示。

（4）选择删除锚点工具 ，将鼠标指针移动到如图 2-108 所示的锚点上单击删除锚点。

（5）按【Esc】键取消选择，完成后的效果如图 2-109 所示。用部分选择工具 选择线条，将鼠标指针移动到锚点上单击出现控制手柄，将鼠标指针移动到调整手柄上，鼠标指针变为 形状，按住鼠标左键不放并拖曳调整曲线幅度，如图 2-110 所示。用相同的方法调整另一边的曲线。

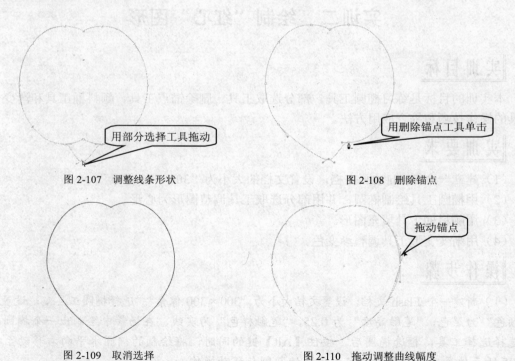

用部分选择工具拖动　　　　　　　　　　用删除锚点工具单击

图 2-107　调整线条形状　　　　　　　　　　图 2-108　删除锚点

拖动锚点

图 2-109　取消选择　　　　　　　　　　图 2-110　拖动调整曲线幅度

（6）按【Esc】键取消选择，完成心形轮廓的绘制，如图 2-111 所示。

（7）用颜料桶工具 将心形图形填充为放射状渐变色，如图 2-112 所示。

图 2-111　取消选择

图 2-112　填充图形

（8）用渐变变形工具 选择图形，并拖动大小手柄 调整渐变色大小，如图 2-113 所示。

（9）拖动焦点 调整光亮点位置，拖动旋转手柄 旋转亮点，效果如图 2-114 所示。

（10）将鼠标指针移动到中心点，鼠标指针变为 形状，按住鼠标左键不放，将其拖曳到如图 2-115 所示的位置。

（11）按【Esc】键取消选择，选择"文件"→"保存"命令保存文件为"绘制红心.fla"，完成效果如图 2-116 所示。

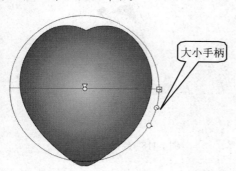

图 2-113　调整渐变色大小

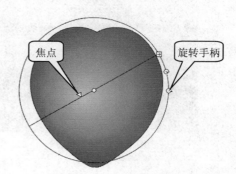

图 2-114　调整亮点位置

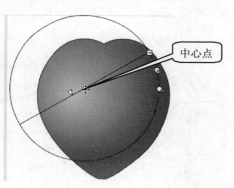

图 2-115　调整中心点位置

图 2-116　完成效果

拓 展 练 习

1．绘制晚霞，效果如图 2-117 所示。

（1）新建一个 Flash 文档，设置场景大小为"500×360 像素"。
（2）用矩形工具、钢笔工具绘制图形轮廓。
（3）用刷子工具绘制柳树和小草。
（4）用椭圆工具绘制太阳。
（5）用颜料桶工具填充颜色。

2．绘制一个卡通小熊，效果如图 2-118 所示。

（1）新建一个 Flash 文档，设置场景大小为"300×300 像素"。
（2）用钢笔工具绘制小熊外形轮廓线条。
（3）用铅笔工具绘制细节线条。
（4）用椭圆工具绘制眼睛。
（5）用颜料桶工具填充颜色。
（6）保存文件。

图 1-117　绘制晚霞

图 1-118　绘制小熊

模块三　编辑图形和文本

模块简介

通过模块二的学习，读者已经掌握了工具箱中各个工具的基本操作方法和绘图技巧，除了使用基本的绘图工具绘制图形之外，还可以通过复制、变形、打散、组合、形状、合并等命令进行图形的编辑，以绘制出更为复杂的图形，并可以结合文本工具编辑一些特效文本图形。

本模块将通过实例来学习并掌握图形和文本编辑的基本方法和操作技巧。

学习目标

- 了解图形编辑命令
- 掌握图形编辑命令的操作方法
- 掌握复杂图形的绘制技巧
- 掌握文本工具的操作方法

任务一　熟悉图形的高级编辑

任务目标

本任务的目标是通过绘制向日葵、绘制齿轮实例来熟悉图形编辑命令、操作方法和绘图技巧。

任务分析

图形编辑主要包括复制、移动、变形、形状、合并、打散和组合等，下面的实例将综合应用绘图工具和图形编辑命令来绘制更为复杂的图形。

操作一　绘制向日葵

通过绘制向日葵，我们可掌握直接复制命令、分离命令、"变形"面板、"对齐"面板、橡皮擦工具和套索工具的使用。绘制向日葵的具体操作步骤如下。

（1）新建一个 Flash 文档，设置场景大小为 "300×300 像素"，背景颜色为蓝色，并将其保存为 "绘制向日葵.fla"。

（2）选择椭圆工具 ，设置 "填充颜色" 为橘红色，"笔触颜色" 为无颜色，按住【Shift】键，在场景中绘制一个圆，并使用选择工具框选圆后，按【Ctrl+G】组合键将其组合。

（3）选择线条工具 ，设置笔触颜色为 "#666600"，在选项区域中单击 按钮选择 "绘制对象"选项，在圆上斜着绘制一条线段，如图 3-1 所示。

（4）用选择工具 选择绘制的线条，重复按【Ctrl+D】组合键直接复制线条，如图 3-2 所示。

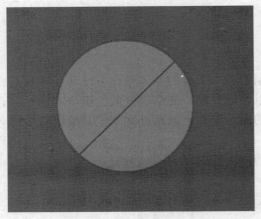

图 3-1　绘制圆和斜线

图 3-2　复制的斜线

☎提示：用【Ctrl+D】键直接复制对象时，会在水平及垂直方向各偏移 10 像素。

（5）选取所有线条，按【Ctrl+D】组合键直接复制，然后分别按【↓】键和【←】键移动复制的线条到两线条间，使线条更密，如图 3-3 所示。

（6）选取所有线条，在"变形"面板中的"旋转"文本框中输入 60°，并单击"复制并应用变形"按钮 ，复制并旋转后的效果如图 3-4 所示。

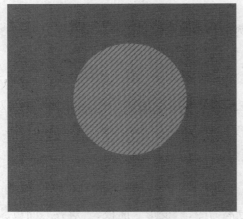

图 3-3　线条之间变密后的效果

图 3-4　复制并旋转后的效果

（7）用选择工具 选择所有的线条，按【Ctrl+B】组合键分离线条，如图 3-5 所示。

（8）选择橡皮擦工具 ，在"选项"区域的模式栏中选择刷子形状 ，并选择"擦除线条" ，用橡皮擦擦除圆周围的线条，擦除后的效果如图 3-6 所示。

（9）选择套索工具 ，在"选项"区域选择多边形模式 ，将鼠标指针移动到圆外单击定位起始点，然后移动到另一位置单击，用相同的方法依次围绕线条单击直到起始点位置，双击框选圆面右侧的线条，如图 3-7 所示，然后按【Delete】键删除所选部分。用同样方法删除圆左侧的线条，删除后的效果如图 3-8 所示。

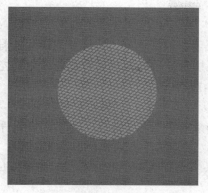

图 3-5　分离线条后的效果

图 3-6　擦除线条后的效果

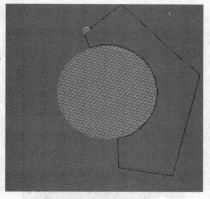

图 3-7　框选线条

图 3-8　删除线条后的效果

☎提示：剩余的其他线条也可以用擦除线条模式来擦除，但是速度太慢，并容易将圆内的线条擦掉，所以这里采用套索选取方式删除。

（10）选择墨水瓶工具 ，在圆上单击填充圆的边缘，如图 3-9 所示。

（11）选择椭圆工具 ，在圆外绘制一个椭圆，如图 3-10 所示。

图 3-9　填充圆边缘

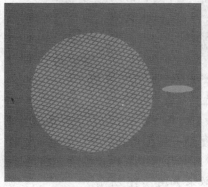

图 3-10　绘制椭圆

（12）选择选择工具 ，将鼠标指针移到椭圆边缘，当鼠标指针变为 形状时按住鼠标左键拖动调整椭圆形状，用相同的方法向上挤压椭圆，使椭圆变为如图 3-11 所示的花瓣形状。

（13）用选择工具 选择花瓣图形，在"颜色"面板中选中"填充颜色"图标 ，在"类型"下拉列表中选择"线性"选项，在渐变条上添加一个色标，然后分别设置色标的颜色为"#FF9900"、"#FFCA00"和"#FFFF00"，并调整色标的位置，然后在场景中的空白位置单击取消花瓣图形的选择，此时花瓣的颜色如图 3-12 所示。

（14）用选择工具 选择所有图形，在"对齐"面板中单击"相对于舞台分布"按钮 ，然后单击"垂直中齐"按钮 ，使整个图形居于场景的垂直居中位置，然后将花瓣平移到圆的边缘。

（15）选择并删除花瓣的边线，用任意变形工具 选择花瓣，此时在花瓣的中心位置将出现控制点，如图 3-13 所示。

（16）将鼠标指针移动到控制点上，按住鼠标左键将其拖动到圆中心位置以调整变形的中心点，如图 3-14 所示。

图 3-11　调整花瓣形状

图 3-12　调整花瓣颜色

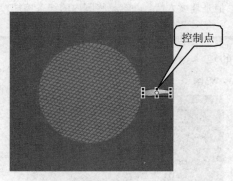

图 3-13　用任意变形工具选择花瓣

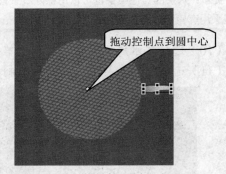

图 3-14　拖动控制点到圆中心点

（17）打开"变形"面板，设置旋转角度为 10°，并重复单击"复制并应用变形"按钮 将花瓣复制一圈，如图 3-15 所示。

（18）使用选择工具选择所有的花瓣，按键盘上的方向键调整花瓣在圆周的位置，完成后的最终效果如图 3-16 所示。

图 3-15　复制花瓣

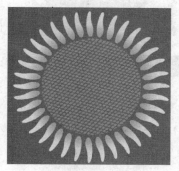

图 3-16　调整花瓣后的效果

操作二　绘制齿轮

通过绘制齿轮，读者可以掌握联合命令、打孔命令、直接复制命令、"滤镜"面板、"变形"面板的使用方法。绘制齿轮的具体操作步骤如下。

（1）新建一个 Flash 文档，设置文档大小为"400×300 像素"，并将其保存为"绘制齿轮.fla"。

（2）选择基本椭圆工具 ，设置"笔触颜色"为蓝色，"填充颜色"为橙色，绘制一个如图 3-17 所示的圆。

（3）选择基本矩形工具 ，绘制一个矩形，并用选择工具 选择圆和矩形。在"对齐"面板上单击 按钮使其相对舞台分布，然后分别单击 和 使图形相对于舞台水平和垂直居中对齐，如图 3-18 所示。

图 3-17　绘制圆

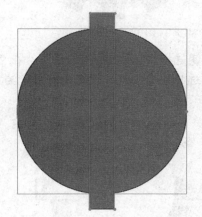

图 3-18　对齐图形

（4）选择矩形，在"变形"面板上设置旋转角度为 30°，然后反复单击复制并应用变形按钮 ，复制一圈的矩形，如图 3-19 所示。

（5）用选择工具 选择所有的矩形和圆，然后选择"修改"→"合并对象"→"联合"命令，使所有图形合并为一个图形，如图 3-20 所示。

图 3-19　复制矩形

图 3-20　联合图形

（6）选择基本椭圆工具 ，设置填充色为蓝色，绘制一个圆，在"对齐"面板中将圆调整为相对于场景水平和垂直居中对齐，如图 3-21 所示。

（7）选择圆和联合图形，然后选择"修改"→"合并对象"→"打孔"命令，完成后的效果如图 3-22 所示。

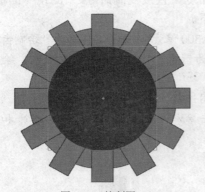

图 3-21　绘制圆

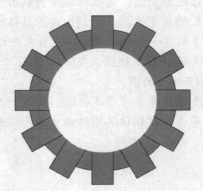

图 3-22　打孔

（8）用选择工具 选择联合图形，在"颜色"面板中设置为黑白渐变色，如图 3-23 所示。

（9）选择联合图形，设置笔触颜色为无颜色，完成后的效果如图 3-24 所示。

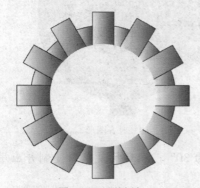

图 3-23　调整颜色

图 3-24　去掉笔触颜色

（10）选择整个图形，按【F8】键，在打开的对话框中直接单击 确定 按钮将图形转换为影片剪辑元件。保持影片剪辑元件的选中状态，在"滤镜"面板中单击 ⊞ 按钮，在弹出的快捷菜单中选择"投影"命令，并设置投影属性如图 3-25 所示，应用投影效果如图 3-26 所示。

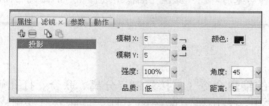

图 3-25　设置投影属性

图 3-26　应用投影效果

☎ 提示：关于元件的概念将在其后的模块中进行讲解。滤镜效果通常用于元件对象，普通的图形是无法应用滤镜效果的，因此必须将其转换为元件，如图形元件、影片剪辑元件等。

（11）选择"文件"→"导入"→"导入到舞台"命令，打开"导入"对话框，选择位图"花.jpg"，然后单击 打开(O) 按钮，在"库"面板中可以看到导入的位图（见图 3-27），同时场景中也自动添加了所选位图。

（12）用选择工具 ▶ 将场景中的位图移动到联合图形位置，按【Ctrl+B】组合键分离图形，然后用椭圆工具绘制一个"填充颜色"为无颜色、"笔触颜色"为黑色的圆，如图 3-28 所示。

图 3-27　导入位图

图 3-28　绘制圆

（13）用选择工具 ▶ 选择圆内的"花"图形并将其拖曳到联合图形中间，在"对齐"面板中设置图形相对于舞台水平和垂直居中对齐，如图 3-29 所示。

（14）用任意变形工具 ▦ 选择"花"图形，按住【Alt】键的同时调整"花"的大小，让其成比例放大。用选择工具 ▶ 选择联合图形并单击鼠标右键，在弹出的快捷菜单中选择"排列"→"下移一层"命令调整图形的层叠顺序，完成后的效果如图 3-30 所示。

图 3-29　调整图形

图 3-30　放大"花"的图形并调整层叠顺序

☎提示：本实例中应用了滤镜，这是 Flash CS3 新增的一项功能。Flash CS3 中的滤镜除了投影滤镜外，还有模糊、发光、斜角等滤镜效果。选择元件对象后，在"滤镜"面板中选择相应的滤镜名称，再进行相应的设置就可以看到其效果。

知识回顾

本任务除了学习 Flash CS3 绘图中的编辑命令（直接复制、分离、联合、打孔等）和"对齐"、"变形"面板的操作外，还巩固了上一章中学习的绘图工具，只要能灵活地应用这些绘图工具和图形编辑命令，就能绘制出复杂的矢量图形。

任务二　编　辑　文　本

任务目标

本任务的目标是学习文本的输入和文本的编辑操作。

任务分析

Flash CS3 中通过文本工具 T 进行文本输入，文本的编辑包括修改文本属性，分离、填充、变形文本和为文本添加滤镜效果等操作，下面通过实例来详细介绍。

操作一　输入文本

通过输入文本，我们可掌握文本工具的使用和编辑文本属性的方法。输入文本的具体操作步骤如下。

（1）新建一个 Flash 文档，设置场景大小为"300×200 像素"，并将其保存为"输入文本.fla"。
（2）选择文本工具 T，在场景中单击一下，出现如图 3-31 所示的文本输入状态。
（3）通过键盘输入如图 3-32 所示的文本。

图 3-31　文本输入状态　　　　　　图 3-32　输入文本

（4）用选择工具选择文本，打开文本工具的"属性"面板，如图 3-33 所示。

图 3-33　文本工具"属性"面板

（5）双击文本出现文本编辑状态，拖动鼠标选择文本"静夜思"，如图 3-34 所示。在"属性"面板中设置文本属性为黑体、加粗、30 号、蓝色、居中，如图 3-35 所示。

图 3-34 选择文本　　　　　　　　　　图 3-35 设置文本属性（1）

（6）用与步骤（5）相同的方法设置文本"李白"的属性为隶书、24 号、绿色、居中、字母间距为 10，如图 3-36 所示。

图 3-36 设置文本属性（2）

（7）用与步骤（5）相同的方法设置其余的文本属性为楷体、24 号、蓝色，如图 3-37 所示。单击"编辑格式选项"按钮 ¶，在弹出的"格式选项"对话框中设置行距为 10 点，如图 3-38 所示，单击 确定 按钮关闭对话框。

图 3-37 设置文本属性（3）　　　　　　图 3-38 "格式选项"对话框

（8）用选择工具 ▶ 选择文本，在"属性"面板上单击"改变文本方向"按钮，在弹出的快捷菜单中选择"垂直，从右向左"命令，如图 3-39 所示。

（9）最终效果如图 3-40 所示，最后保存文件，完成本次操作。

图 3-39 设置文本方向　　　　　　　　图 3-40 最终效果

操作二　绘制七彩文字

通过绘制七彩文字，读者可以掌握文本工具、颜料桶工具的使用方法和分离、填充文本等操作。绘制七彩文字的具体操作步骤如下。

（1）新建一个 Flash 文档，设置文档大小为"400×300 像素"，并将其保存为"绘制七彩文字.fla"。

（2）选择文本工具 T，在"属性"面板中设置字体为楷体、文本大小为 70、加粗，在场景中输入文本"七彩文字"，如图 3-41 所示。

（3）选择文本，按【Ctrl+B】组合键两次，分离文本为图形，如图 3-42 所示。

图 3-41　输入文本 　　　　　　　　　　　　　　　图 3-42　分离文本

（4）用选择工具 选择文本图形，选择颜料桶工具 ，设置"填充颜色"为七彩渐变色，如图 3-43 所示。

（5）将鼠标指针定位到图形上，按住鼠标左键不放向右拖曳进行颜色填充，如图 3-44 所示。

图 3-43　选择颜色 　　　　　　　　　　　　　　　图 3-44　拖曳鼠标指针

（6）松开鼠标左键，完成文本颜色的填充，效果如图 3-45 所示。

（7）选择墨水瓶工具 ，设置"笔触颜色"为蓝色，依次单击图形进行轮廓填充，完成后的效果如图 3-46 所示。

图 3-45　填充图形 　　　　　　　　　　　　　　　图 3-46　填充线条

☎提示：在填充渐变色时，拖曳的方向不同，可以填充出不同的渐变效果。

操作三　绘制个性文字

通过绘制个性文字，我们可以掌握文本工具、任意变形工具、封套工具的使用和分离文本等操作。绘制个性文字的具体操作步骤如下。

（1）新建一个 Flash 文档，设置文档大小为"400×300 像素"，并将其保存为"绘制个性文字.fla"。

（2）选择文本工具 T，在"属性"面板中设置字体为"Monotype Corsiva"、文本大小为70、加粗，在场景中输入文本"Fash CS3"，如图 3-47 所示。

（3）选择文本，按【Ctrl+B】组合键两次，分离文本为图形，如图 3-48 所示。

图 3-47　输入文本　　　　　　　　　　　　　图 3-48　分离文本

（4）用任意变形工具 选择文本图形，并在"选项"区域单击"封套"按钮 ，如图 3-49 所示。

（5）将鼠标指针定位到方形控制点 ■ 上，按住鼠标左键不放并拖曳拉伸图形，如图 3-50 所示。

图 3-49　选择图形　　　　　　　　　　　　　图 3-50　拉伸图形

（6）将鼠标指针定位到圆形控制点 ● 上，按住鼠标左键不放进行拖曳以扭曲图形，完成后的效果如图 3-51 所示。

（7）用相同的方法调整其他控制点，完成后的效果如图 3-52 所示。

 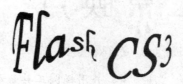

图 3-51　扭曲图形　　　　　　　　　　　　　图 3-52　完成效果

操作四　绘制卡通文字

通过绘制卡通文字，主要熟悉并掌握文本工具和常用的绘图工具的使用以及灵活的图形组合方法。绘制卡通文字的具体操作步骤如下。

（1）新建一个 Flash 文档，设置文档大小为"400×200 像素"，并将其保存为"绘制卡通文字.fla"。

（2）选择文本工具 T，在"属性"面板中设置字体为幼圆、文本大小为70、加粗、黑色、字母间距为20，如图 3-53 所示。在场景中输入文本"二泉映月"，如图 3-54 所示。

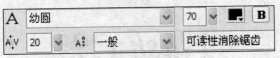

图 3-53　设置文本属性　　　　　　　　　　　　　　图 3-54　输入文本

（3）选择文本，按【Ctrl+B】组合键分离文本，再选择"泉"字，按【Ctrl+B】组合键分离"泉"文本为图形，如图 3-55 所示。

（4）选择缩放工具 ，在"泉"图形上单击以放大图形，再用选择工具 依次拖动调整图形，完成后的效果如图 3-56 所示。

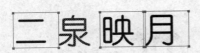

图 3-55　分离并选择文本　　　　　　　　　　　　图 3-56　调整图形

（5）用选择工具 选择"泉"图形下方的"水"，并按【Delete】键将其删除，然后用刷子工具 绘制一个如图 3-57 所示的水波图形。

（6）用相同的方法按【Ctrl+B】组合键将"映"字转换为图形，转换后选择并删除"日"字部分。然后选择椭圆工具 ，设置"内径"为70，绘制圆环，并在圆环中心绘制一个圆点，如图 3-58 所示。

图 3-57　绘图水波图形　　　　　　　　　　　　图 3-58　绘制太阳形状图形

（7）删除"月"字，并用椭圆工具 和线条工具 绘制如图 3-59 所示的月亮形状轮廓。

（8）用颜料桶工具 填充图形，并删除轮廓线条，完成的效果如图 3-60 所示。

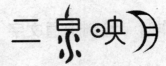

图 3-59　绘制月亮形状图形　　　　　　　　　　图 3-60　填充图形

操作五 绘制图片文字

将文本转成矢量图形后，就可以为其进行位图填充，从而制作出图片文字效果。绘制图片文字的具体操作步骤如下。

（1）新建一个 Flash 文档，设置文档大小为"400×300 像素"，并将其保存为"绘制图片文字.fla"。

（2）选择文本工具 T，在"属性"面板中设置字体为黑体、文本大小为 70、加粗，在场景中输入文本"Falsh CS3"，如图 3-61 所示。

（3）用选择工具 ▶ 选择文本，按【Ctrl+B】组合键两次，将文本转换为矢量图形，如图 3-62 所示。

图 3-61 输入文本

图 3-62 转换为矢量图形

（4）保持转换后的矢量图形的选中状态，选择颜料桶工具 ◇，在"颜色"面版中的"类型"下拉列表中选择"位图"选项，单击 导入... 按钮，在打开的"导入到库"对话框中选择位图"花.jpg"，完成图形的填充操作，如图 3-63 所示。

（5）选择墨水瓶工具 ◈，设置"笔触高度"为 3，"笔触颜色"为"#CC6600"，然后填充图形线条，如图 3-64 所示。

图 3-63 填充位图

图 3-64 填充图形轮廓

（6）选择选择工具 ▶，按住【Shift】键的同时，依次单击图形轮廓线条，然后选择"修改"→"形状"→"柔化填充边缘"命令，在打开的"柔化填充边缘"对话框中设置"距离"为 4 像素，"步骤数"为 4，如图 3-65 所示。

（7）单击 确定 按钮，完成后的最终效果如图 3-66 所示。

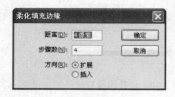

图 3-65 柔化设置

图 3-66 最终效果

知识回顾

本任务主要学习了文本工具的基本使用方法和文本的属性设置，并且在绘制文本图形的过程中巩固了前面绘图工具的基本操作；熟练地运用各种编辑文本方法可以在 Flash CS3 中改变文本的形状，从而可以制作出个性的签名、广告、标志、宣传语等。

实训一　绘制西瓜

实训目标

本实训的目标是练习矩形工具、任意变形工具、封套工具、椭圆工具、颜料桶工具、和复制、组合图形等操作的综合应用。

实训要求

（1）建立一个 Flash 文档。

（2）用矩形工具绘制一个矩形并用封套工具调整图形。

（3）复制图形，并作适当地调整。

（4）用椭圆工具绘制一个椭圆并组合为图形。

（5）填充图形并作细节调整。

操作步骤

（1）新建一个 Flash 文档，设置文档大小为 "400×300 像素"，选择矩形工具■，设置 "笔触颜色" 为无颜色，"填充颜色" 为绿色，在场景中绘制一个矩形，如图 3-67 所示。

（2）用任意变形工具■选择图形，并在选项中选择封套工具■，出现扭曲控制点，如图 3-68 所示。

图 3-67　绘制矩形　　　　　　　　　　　　　　图 3-68　封套图形

（3）将鼠标指针定位到控制点上拖曳使矩形扭曲，用相同的方法依次拖动其他控制点，将图形调整为如图 3-69 所示的形状。

（4）选择选择工具■，将鼠标指针定位到图形边线上，按住鼠标左键不放并拖曳调整曲线形状，如图 3-70 所示。

图 3-69　扭曲图形　　　　　　　　　　　　　　图 3-70　调整曲线形状

（5）选择图形，按【Ctrl+C】组合键复制图形，然后按【Ctrl+V】组合键粘贴图形，并用选择工具■调整位置，再重复粘贴并移动图形操作，完成如图 3-71 所示效果的制作。

（6）选择基本椭圆工具■，设置填充颜色为无颜色，笔触颜色为蓝色，绘制一个如图 3-72 所示的椭圆。

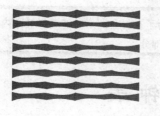
图 3-71　复制图形

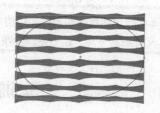
图 3-72　绘制椭圆

（7）按住【Shift】键，用任意变形工具 ⬚ 依次单击选择矩形图形，并在选项中选择封套工具 ⬚，出现扭曲控制点，如图 3-73 所示。

（8）依次拖动控制点，分别使两边向中间扭曲，如图 3-74 所示。

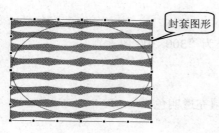
图 3-73　封套图形

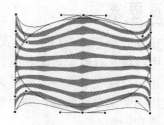
图 3-74　扭曲图形

（9）用选择工具 ▶ 选择椭圆，按【Ctrl+B】组合键分离图形，然后依次选择椭圆外的部分并删除，效果如图 3-75 所示。

（10）选择颜料桶工具 ◇，设置填充颜色为深绿色，然后填充图形，如图 3-76 所示。

图 3-75　删除图形

图 3-76　填充图形

（11）选择椭圆线条，选择"修改"→"形状"→"将线条转化为填充"命令，效果如图 3-77 所示。

（12）用铅笔工具 ✏ 绘制出如图 3-78 所示的西瓜藤，最后保存文档。

图 3-77　填充线条

图 3-78　绘制西瓜藤

提示：本实例中在绘制椭圆时使用的是基本椭圆工具，是为了在封套图形时能选择椭圆内外的图形；在封套扭曲后又将椭圆分离，是方便删除图形时只选择椭圆外的部分。

实训二　绘　制　钟　表

实训目标

本实训的目标是练习椭圆工具、线条工具、颜料桶工具和直接复制命令的使用及设置，掌握利用 Alpha 属性值进行图形填充的方法。

实训要求

（1）建立一个 Flash 文档，设置文档的大小为"300×300 像素"。

（2）用线条工具绘制时刻和时针。

（3）运用直接复制命令复制时刻。

（4）用椭圆工具绘制圆，并用颜料桶工具填充透明色。

（5）组合图形。

操作步骤

（1）新建一个 Flash 文档，设置文档大小为"300×300 像素"，"背景颜色"为橙色，选择线条工具，设置"笔触颜色"为白色，在场景中分别绘制出大时刻和小时刻图形，并填充时刻，如图 3-79 所示。

（2）选择大时刻图形，在"对齐"面板中单击"相对于舞台"按钮，然后分别单击"水平中齐"按钮和"垂直中齐"按钮使图形相对于舞台中心水平和垂直对齐，在"变形"面板中设置"旋转"为 90 度，然后单击"直接复制并应用"按钮复制图形，如图 3-80 所示。

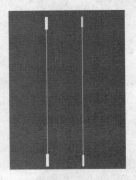

图 3-79　绘制时刻

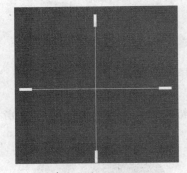

图 3-80　复制图形

（3）选择小时刻图形，并用与上一步相同的方法使图形相对于舞台中心水平和垂直对齐，并在"变形"面板中设置"旋转"为 30 度，并重复单击"直接复制并应用"按钮复制图形，如图 3-81 所示。

（4）删除中间的辅助线条，效果如图 3-82 所示。

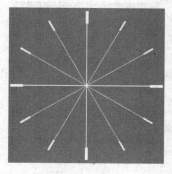

图 3-81 复制图形

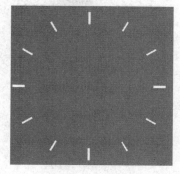

图 3-82 删除图形

（5）用颜料桶工具 将大刻度填充为 "#0099FF"，如图 3-83 所示。

（6）用椭圆工具 绘制一个绿黑放射状渐变色的圆，并用相同的方法调整圆相对于舞台中心水平和垂直对齐，如图 3-84 所示。

（7）用线条工具 在场景中绘制出时针轮廓，用颜料桶工具 将其填充为绿色，选择图形，然后选择"修改"→"合并对象"→"联合"命令合并图形，将时针调整到中心位置，然后单击鼠标右键，在弹出的快捷菜单中选择"下移一层"命令，使时针居于圆点下面，如图 3-85 所示。

（8）选择基本椭圆工具 ，设置笔触颜色为白色，填充色为无颜色，然后绘制一个圆，并调整其相对于舞台中心水平和垂直对齐，如图 3-86 所示。

图 3-83 填充图形

图 3-84 绘制圆

图 3-85 绘制时针

图 3-86 绘制圆

（9）选择颜料桶工具 ，设置放射状渐变色为 "#F263C6"、Alpha 为 45% 和 "#FBFBFB"、Alpha 为 35%，然后填充圆，效果如图 3-87 所示。

（10）选择圆，设置"笔触大小"为 3，然后选择"修改"→"形状"→"柔化边缘填充"命令，并设置柔化属性，完成后的效果如图 3-88 所示。最后将文档保存为"绘制钟表.fla"。

图 3-87　填充透明色　　　　　　　　　　　　　图 3-88　柔化边缘

实训三　绘制标志文字

实训目标

　　本实训的目标是练习文本工具、椭圆工具和颜料桶工具的使用，并应用滤镜制作标志文本效果。

实训要求

　　（1）建立一个 Flash 文档，设置文档的大小为"300×300 像素"。
　　（2）用椭圆工具绘制椭圆。
　　（3）用文本工具输入文本。
　　（4）用颜料桶工具填充渐变颜色。
　　（5）应用滤镜效果。

操作步骤

　　（1）新建一个 Flash 文档，设置文档大小为"300×300 像素"，"背景颜色"为黑色，选择椭圆工具，设置"笔触颜色"为无颜色、填充色为绿色、内径为 80，在场景中绘制一个圆环，如图 3-89 所示。
　　（2）选择文本工具，设置字体为宋体、黄色、20 号，输入文本"mian zhu da xi jie xiao xue"，并按【Ctrl+B】组合键分离文本，如图 3-90 所示。

图 3-89　绘制圆环　　　　　　　　　　　　　图 3-90　输入文本

　　（3）用选择工具将文本分别调整到圆环上，如图 3-91 所示。
　　（4）用任意变形工具分别将文本旋转到如图 3-92 所示的位置。

图 3-91　调整文本位置

图 3-92　旋转文本

（5）选择圆环和文本，按【F8】键将图形转换为影片剪辑元件，在"滤镜"面板中单击 ╬ 按钮，在弹出的快捷菜单中选择"投影"命令，然后设置"模糊"为 5、"强度"为 80%、"品质"为高、"颜色"为绿色、"角度"为 71、"距离"为 5，如图 3-93 所示。

（6）设置好"投影"属性后效果如图 3-94 所示。

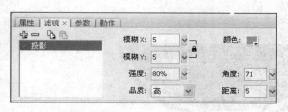
图 3-93　设置"投影"属性

图 3-94　应用投影

（7）用钢笔工具 ✒ 绘制图形，并填充颜色为绿色，如图 3-95 所示。

（8）选择图形并按【F8】键将图形转换为影片剪辑元件，在"滤镜"面板中添加"斜角"，并设置"模糊"为 5、"强度"为 100%、"品质"为中、"阴影颜色"为"#CCCC00"、"加亮颜色"为"#00FF33"、"角度"为 45、"距离"为 5，如图 3-96 所示。

图 3-95　绘制图形

图 3-96　应用斜角

（9）用文本工具 T 输入字体为"Tekton Pro Cond"、颜色为橙色的文本"syxx"，如图 3-97 所示。

（10）选择文本再按【F8】键将文本转换为影片剪辑元件，然后在"滤镜"面板中添加"发光"滤镜，并设置"阴影颜色"为"#FFFF00"，完成后的效果如图 3-98 所示。

图 3-97　输入文本

图 3-98　应用"发光"滤镜

拓 展 练 习

1．绘制西瓜瓢，效果如图 3-99 所示。

（1）新建一个 Flash 文档，并设置文档属性。

（2）用椭圆工具绘制一个半圆。

（3）复制半圆线条。

（4）用颜料桶工具填充颜色。

（5）用刷子工具绘制西瓜子。

图 3-99　绘制西瓜瓢

2．在 Flash CS3 中完成下面的基本操作，效果如图 3-100 所示。

（1）新建一个 Flash 文档。

（2）绘制水泥路，并为水泥路添加发光效果。

（3）绘制小树。

（4）复制小树。

（5）组合图形。

图 3-100　绘制公路

模块四　素材和元件的应用

模 块 简 介

通过前面几个模块的学习，我们掌握了 Flash 绘图的方法和技巧，以及文本的输入与设置等知识，但由于 Flash 本身的局限性，也为了更多地利用已有的资源，如色彩非常丰富的照片、优美的音乐等，Flash CS3 中引入了素材和元件对象。素材即是指从外部引入的图片、音乐、视频等，利用这些素材就可制作成元件，以便于反复使用。

学 习 目 标

📖 了解素材和元件
📖 掌握素材的导入
📖 掌握图形元件的创建和使用
📖 掌握影片剪辑元件的创建和使用
📖 掌握按钮元件的创建和使用

任务一　导 入 素 材

任 务 目 标

本任务的目标是学习在 Flash CS3 中导入图片、声音素材的方法以及对导入素材的使用方法。

任 务 分 析

Flash CS3 除了能绘制矢量图形之外，还可以导入其他软件制作的位图、矢量图、声音和视频文件。

导入素材时，可以将其直接导入到场景中（同时自动导入到"库"面板中），也可以先导入到"库"面板中，然后从"库"面板中将素材拖入到场景中。

操作一　导入位图

利用 Flash CS3 可以导入图像文件，还可以从库中调用素材并对其图像进行属性设置，其具体操作步骤如下。

（1）新建一个 Flash 文档，并将其保存为"导入位图.fla"。

（2）选择"文件"→"导入"→"导入到库"命令，在弹出的"导入到库"对话框"查找范围"下拉列表中选择素材图像所在的文件夹，按住【Shift】键的同时分别单击文件列表框中的两幅图像文件，如图 4-1 所示。

（3）单击 打开(Q) 按钮将位图导入到"库"面板中。按【Ctrl+L】组合键或选择"窗口"→"库"命令打开"库"面板，即可查看导入的位图，如图 4-2 所示。

图 4-1　"导入到库"对话框　　　　　　　　图 4-2　"库"面板

（4）将鼠标指针定位到"库"面板中预览框中的位图或者文件列表中位图名称上，如图 4-3 所示。

（5）按住鼠标左键不放将其拖曳到场景中后释放鼠标左键，完成在场景中添加素材的操作，接着就可对场景中的图像进行位置、大小等操作，如用任意变形工具选择调整位图的大小，效果如图 4-4 所示。

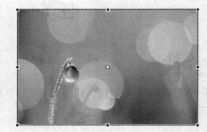

图 4-3　选择图像　　　　　　　　　　　图 4-4　调整图像

操作二　导入 Gif 动画

在 Flash CS3 中，除了导入普通的 JPG、PNG 等格式的图像外，还可以导入 Gif 格式的动画文件，其导入方法与普通图像的导入方法相同，但 Gif 动画文件导入到舞台后，会自动转变为逐帧动画。下面以导入 Gif 动画到舞台为例进行介绍，其具体操作步骤如下。

（1）新建一个 Flash 文档，并将其保存为"导入 Gif 动画.fla"。

（2）选择"文件"→"导入"→"导入到舞台"命令或按【Ctrl+R】组合键，在弹出的"导入"对话框中选择素材所在的文件夹，并在文件列表框中选择需要导入的 Gif 动画文件，如图 4-5 所示。

（3）单击 打开(Q) 按钮，导入 Gif 动画到场景中，同时 Gif 动画图像也自动添加到"库"面板中，按【Ctrl+L】组合键打开"库"面板，在文件列表框中可发现导入了许多张图像，如图 4-6 所示。

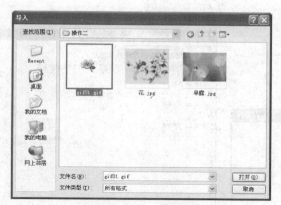

图 4-5　"导入"对话框　　　　　　　　　　　图 4-6　查看元件

☎提示：Gif 动画一般由多个光栅图像数据组成，所以导入了一个 Gif 动画时，包括这一系列的连续图像系列都会导入到"库"面板中。

（4）在场景中显示出了 Gif 动画中的第一张动画图像，如图 4-7 所示。

（5）在"时间轴"面板上单击将其展开，可以看到导入的连续图形被放置在对应的关键帧上，如图 4-8 所示。按【Enter】键可让其播放，在场景中可看到产生的动画效果。

图 4-7　第一张动画图像

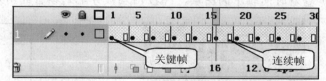

图 4-8　时间轴

☎提示：在 Flash 中是以时间轴进行动画控制的。关键帧是起关键作用的帧，连续帧则是对关键帧的延续。例如，在第 1 帧插入了一个关键帧，并在场景中放置了一颗种子，在第 3 帧插入了一个连续帧，则 1～3 帧场景中的图像都是这颗种子。当在第 4 帧插入了一个关键帧，并在场景中放置了种子发芽图像时，当播放动画到第 4 帧时，种子就会消失，取而代之的就是种子发芽图像。采取同样的方法就可以制作出从种子，到发芽，到开花的整个动画过程。

操作三　导入 PSD 文件

Flash CS3 一个新增功能就是与 Adobe 公司其他产品的兼容，它支持 Adobe 出品的 Photoshop 和 Illustrator 文件，可以直接导入 PSD 文件和 AI 文件，且可以保留 PSD 的图层信息。下面以直接导入 PSD 文件为例进行介绍，其具体操作步骤如下。

（1）新建一个 Flash 文档，并将其保存为"导入 PSD 文件.fla"。

（2）选择"文件"→"导入"→"导入到舞台"命令，在弹出的"导入"对话框中选择需要导入的 PSD 文件，如图 4-9 所示。

（3）单击 [打开⑩] 按钮，弹出"将'图层复合.psd'导入到舞台"对话框，选择所有要导入的 Photoshop 图层，勾选"将舞台大小设置为与 Photoshop 画布大小相同"复选框，如图 4-10 所示。

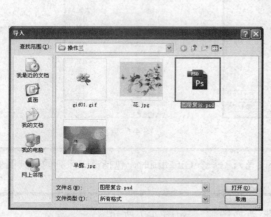

图 4-9   "导入"对话框

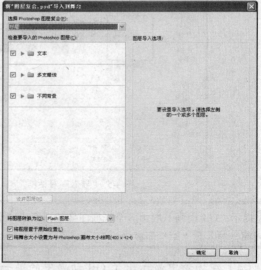

图 4-10   设置 PSD 属性

（4）单击 [确定] 按钮关闭对话框，将 PSD 图层导入到场景，如图 4-11 所示。

（5）查看时间轴中的图层，PSD 图层被分配到各自的图层中，如图 4-12 所示。

图 4-11   场景效果

图 4-12   时间轴图层

☎提示：在 Flash 中以图层的方式进行动画对象的组织。Flash 与 Photoshop 图层意义基本相同，都是将不同的对象放置在不同的图层中，方便对对象的控制，并利用图层上层会遮盖下层的特点来进行整个场景画面的合成。但需要注意，Flash 中的图层可以进行特殊设置以实现一些特殊的动画效果，如引导层动画、遮罩层动画等。

操作四　导入声音

声音在 Flash 动画中有非常重要的作用，如 Flash MTV、Flash 短片等都需要在动画中添加声音，让动画具有更强的感染力。可以将 mp3、wmv 等格式的音乐导入到 Flash CS3 中，并可在 Flash CS3 中对声音进行编辑，如截取声音、设置音量、音乐进入及退出效果等。导入声音的具体操作步骤如下。

（1）新建一个 Flash 文档，并将其保存为"导入声音.fla"。

（2）选择"文件"→"导入"→"导入到库"命令，在弹出的"导入到库"对话框中选择需要导入的声音文件，如图 4-13 所示。

（3）单击 打开(0) 按钮，将声音文件导入到库中，打开"库"面板查看声音素材，如图 4-14 所示。

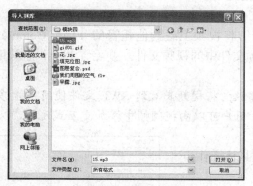
图 4-13　"导入到库"对话框

图 4-14　查看声音

（4）在时间轴上单击帧，然后在"属性"面板的"声音"下拉列表中选择"15.mp3"，如图 4-15 所示。

（5）此时在时间轴的帧中可以看到添加了声音，如图 4-16 所示。

图 4-15　选择声音

图 4-16　添加声音

提示：Flash CS3 支持的音频格式主要有 wav、.mp3、.aif、.au、.asf、.wmv 等格式，其具体应用和编辑将在后面的模块中讲解。

操作五　导入视频

在 Flash CS3 中可以导入.mov、.avi、.mpg、.mpeg、.dv、.dvi、.flv 等格式的视频，导入时可以对视频进行设置，如视频的截取、播放方式等。在导入视频时需要在"部署"对话框中进行相应的设置，其对话框中的各参数的含义如下。

● 从 Web 服务器渐进式下：此部署方法需要 Flash Player 7 更高版本。

渐进式 Flash 视频传递让用户可以使用 HTTP 流对视频进行流处理。此选项会转换用户导入到 Flash 视频文件中的视频文件，并配置 Flash 视频组件以播放该视频。

选择该方式时需要手动把 Flash 视频文件传送到 Web 服务器上。此选项总是会在舞台上放置一个视频组件。

● 以数据流的方式从 Flash 视频数据流服务传输：此部署方法需要 Flash Player 7 更高版本。

该方式可使用户能够将视频上载到他在该处建有账户的服务提供商所托管的 Flash Communication Server。此选项会转换用户导入到 Flash 视频文件中的视频文件，并配置 Flash 视频组件以播放该视频。

● 以数据流的方式从 Flash Communication Server 传输：此部署方法需要 Flash Player 7 或更高的版本。

Flash Communication Server 使用户能够将视频上载到他托管的 Flash Communication Server。此选项会转换用户导入到 Flash 视频文件中的视频文件，并配置 Flash 视频组件以播放该视频。

● 在 SWF 中嵌入视频并在时间轴上播放：将视频嵌入到 SWF 文件使用户能够将此视频同舞台上的其他元素同步。例如，用户可以向视频帧中添加交互式元素，以创建链接到其他内容的热点。

下面以导入.flv 视频为例进行介绍，其具体操作步骤如下。

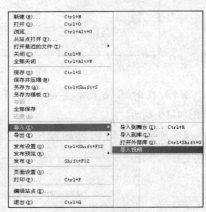

（1）选择"文件"→"导入"→"导入视频…"命令，如图 4-17 所示，可打开"导入视频"对话框。

（2）如果要导入的视频剪辑位于本地计算机，则可以在"选择视频"对话框中单击 浏览... 按钮，然后选择要导入的视频文件。例如，打开"《Flash CS3 中文版动画制作》素材\模块四\我们周围的空气.flv"的视频文件，如图 4-18 所示。也可以导入存储在远程 Web 服务器或 Flash Communication Server 上的视频，方法是提供该文件的 URL。

图 4-17　选择"导入视频"命令

（3）选择文件后单击 下一个 > 按钮进入"部署"对话框，如图 4-19 所示。

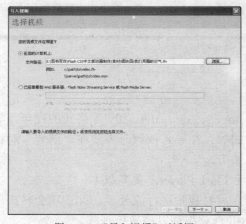

图 4-18　"导入视频"对话框

图 4-19　"部署"对话框

（4）单击"以数据流的方式从 Flash 视频数据流服务传输"单选按钮，然后单击 下一个> 按钮进入"外观"对话框，在"外观"下拉列表中选择"SkinUnderPlayMuteCaptionFull.swf"，"颜色"设置为"#666666"，如图 4-20 所示。

（5）单击 下一个> 按钮，打开"完成视频导入"对话框，如图 4-21 所示，然后单击 完成 按钮导入视频。

图 4-20　"外观"对话框

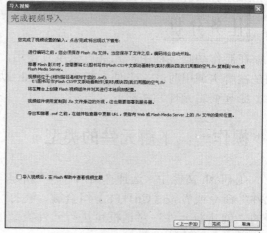

图 4-21　"完成视频导入"对话框

（6）此时在场景中出现播放器组建，如图 4-22 所示。

（7）在菜单栏中选择"控制"→"测试影片"命令可以播放视频，如图 4-23 所示。

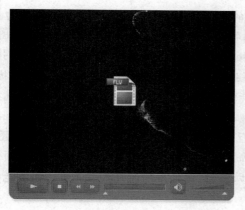

图 4-22　播放器组件

图 4-23　测试影片

☎ 提示：图像、声音、视频等素材文件还可以通过 ActionScript 脚本语言进行外部加载，其具体应用将在后面的模块中进行讲解。

知识回顾

本任务主要是通过菜单命令的方法导入图像、声音、视频等素材文件，当然也可以导入 Flash 自身的 swf 文件。导入这些素材后就可以利用这些素材制作出丰富精彩的动画。

任务二　认识元件

任务目标

本任务的目标是认识元件，了解元件的概念以及分类，同时应掌握元件的引用方法。

任务分析

在制作动画过程中，元件可以重复使用，并且在修改和管理上一点也不混乱。而最重要的是在脚本调用时非常方便，是专业 Flash 动画制作必不可少的元素。元件可以分为图形元件、影片剪辑元件和按钮元件。

操作一　了解元件的类型

在 Flash 文档中，选择"插入"→"新建元件"命令或者按【Ctrl+F8】组合键，在打开的"创建新元件"对话框可进行元件类型的选择以及名称的设置。

图 4-24　"创建新元件"对话框

根据对动画元素的不同工作方式可以选择不同的元件类型，3 种元件类型的具体说明如下。

- 影片剪辑元件：影片剪辑元件有自己的工作区和时间轴，以存放动画片段为主，通常用于创建动画片段。它可以独立于主时间轴进行重复播放，也可以存放静态图像；可以在影片简介元件中直接添加 ActionScript 脚本，也可以在其他动作脚本中被引用。
- 按钮元件：按钮元件是一个只有 4 帧组成的元件，它模仿现实中按钮的 4 种状态，通过鼠标指针的动作做出简单响应，并转到相应的帧。按钮元件主要用于响应鼠标的滑过、单击等操作，通过 ActionScript 脚本触发按钮事件而实现交互效果。
- 图形元件：图形元件也有自己的编辑区和时间轴，主要用于创建反复使用的图形。它以存放静态图像为主，也可以存放动画片段，只是图形元件在播放动画时必须依赖主时间轴才能进行，并且与主时间轴同步运行。图形元件不能加载声音，也不能提供实例名称，在动作脚本中不能被引用。

操作二　创建元件

创建元件的方法通常有两种，一种是"新建元件"，另一种是"转换为元件"。

方法一："新建元件"

具体操作步骤如下。

（1）选择菜单栏中的"插入"→"新建元件"命令或按【Ctrl+F8】组合键，打开"创建新元件"对话框。

（2）在"名称"文本框中输入元件的名字，在"类型"单选项中选择所需要的元件类型，如图 4-25 所示。

（3）单击 确定 按钮，打开元件编辑窗口，在编辑窗口中绘制一个圆球图形，如图 4-26 所示。

图 4-25 "创建新元件"对话框

图 4-26 "圆球"影片简介元件

方法二："转换为元件"

可以将已创建好的图片转变为元件，其具体操作步骤如下。

（1）在场景中绘制一个五角星图形，如图 4-27 所示，用选择工具 ↖ 选择图形，然后选择"修改"→"转换为元件"命令，或按【F8】键打开"转换为元件"对话框。

（2）在"名称"文本框中输入元件的名字，在"类型"单选项中选择所需要的元件类型，然后单击 确定 按钮，完成元件的转变，如图 4-28 所示。

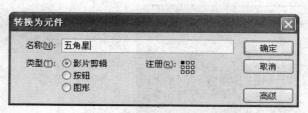

图 4-27 绘制图形

图 4-28 "转换为元件"对话框

操作三 引用元件

元件的引用都是通过"库"面板进行的，在其中可以对元件进行重命名等操作。元件引用的具体操作步骤如下。

（1）打开文件"素材\模块四\引用元件.fla"文档，打开"库"面板查看元件，如图 4-29 所示。

（2）从"库"面板中将图形元件"元件 2"拖曳几次到场景中，如图 4-30 所示。

（3）双击其中一个实例，打开"元件 2"图形元件编辑窗口，如图 4-31 所示。

（4）将图形填充为绿色，并调整图形形状，其他两个实例的形状也会产生同样的变化，如图 4-32 所示。

图 4-29　"库"面板

图 4-30　引用图形元件

图 4-31　图形元件编辑窗口

图 4-32　修改图形

☎ 提示：元件在场景中的实例，通过双击可以打开对应的元件编辑窗口，此时场景中的其他图形颜色会减淡，如图 4-31 所示。如果双击"库"面板中的元件，将会直接打开元件编辑窗口，不会出现其他图形。

（5）单击 ▣场景 按钮或在编辑窗口的空白位置双击鼠标左键返回主场景，如图 4-33 所示。

（6）在"库"面板中双击图形元件"元件 2"，然后将其重命名为"星形"，如图 4-34 所示。

（7）在"库"面板中单击"新建文件夹"按钮▢新建一个文件夹，并重命名为"元件"，然后分别将元件拖曳到"元件"文件夹中，如图 3-35 所示。

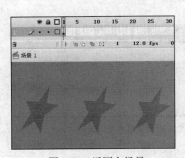

图 4-33　返回主场景

图 4-34　重命名元件

图 4-35　创建文件夹

知识回顾

本任务主要介绍了元件的类型、创建元件的引用。元件可以重复使用，当需要对元素进行修改时，只需要编辑元件即可，元件的管理可以通过"库"面板进行。

任务三　制作图形元件

任务目标

本任务的目标是制作"夏日萤火虫"图形元件，如图 4-36 所示，效果可以参考文件"源文件\模块四\夏日萤火虫.fla"。

图 4-36　闪烁的萤火虫

任务分析

本任务是通过制作"夏日萤火虫"图形元件动画，学会使用图形元件。在该实例中，萤火虫要在图形元件中完成，然后将图形元件放入主场景中进行播放。

制作"夏日萤火虫"图形元件的具体操作步骤如下。

（1）新建一个 Flash 文档，设置文档大小为"400×300 像素"、"背景颜色"为黑色，并保存文档为"制作夏日萤火虫.fla"，如图 4-37 所示。

（2）选择"插入"→"新建元件"命令，打开"创建新元件"对话框，设置"名称"为"萤火虫"，"类型"为"图形"，如图 4-25 所示。

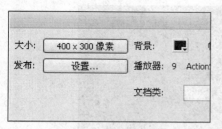

图 4-37　设置文档属性

图 4-38　"创建新元件"对话框

（3）单击 确定 按钮关闭对话框，在打开的"萤火虫"编辑窗口中绘制一个填充颜色为无颜色的圆。

（4）选择颜料桶工具，在"颜色"面板中设置填充颜色为放射状渐变色，分别设置颜色为"#FDDE06"、Alpha 值为 57%和颜色为"#FFF5B7"、Alpha 值为 0%，如图 4-39 所示。

（5）在圆中单击填充图形，如图 4-40 所示。

图 4-39　设置渐变颜色

图 4-40　"圆球"影片简介元件

（6）将鼠标指针移动到时间轴的第 5 帧处，按【F6】键插入关键帧，用选择工具 选择图形，在"颜色"面板中将色标向右拖动调整颜色，如图 4-41 所示。

（7）用任意变形工具 选择图形，并按住【Alt】键将图形放大，如图 4-42 所示。

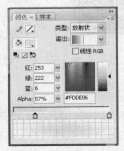

图 4-41　调整颜色

图 4-42　放大图形

（8）用同样的方法在第 10 帧处插入关键帧，用选择工具 选择图形，在"颜色"面板中将色标向左拖动调整颜色，如图 4-43 所示。

（9）用任意变形工具 选择图形，并按住【Alt】键将图形缩小，如图 4-44 所示。

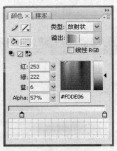

图 4-43　调整颜色

图 4-44　缩小图形

（10）用同样的方法分别在第 15 帧和第 20 帧处插入关键帧，并对图形的颜色和大小进行调整。

（11）将鼠标指针移动到时间轴的第 1 帧处，然后单击鼠标右键，在弹出的快捷菜单中选择"创建补间形状"命令，如图 4-45 所示。

（12）用同样的方法分别在第 5、10、15 帧处创建补间形状，在此时被创建了补间形状的时间帧处呈现为绿色，如图 4-46 所示。

图 4-45　时间帧快捷菜单

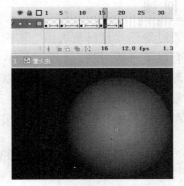

图 4-46　创建补间形状动画

> ☎ 提示：本操作中应用了时间帧和补间形状，帧和动画的创建将在下一模块中详细介绍。

（13）单击 场景1 按钮返回主场景，然后用线条工具 ╲ 和颜料桶工具 ◇ 在场景绘制出表现夜空的图形，如图 4-47 所示。

（14）打开"库"面板，将"萤火虫"元件拖曳到场景中，如图 4-48 所示。

图 4-47　绘制夜空图形

图 4-48　拖曳元件

（15）按【Ctrl+Enter】组合键测试影片，可看到第 1 帧图像，但不会自动播放，如图 4-49 所示。

（16）单击 ✕ 按钮关闭测试窗口，然后在时间轴的第 20 帧处按【F5】键插入帧，如图 4-50 所示。

图 4-49　测试影片

图 4-50　插入帧

知识回顾

本任务通过制作"夏日萤火虫"实例，学习了图形元件的使用。在学习的过程中，知道了图形元件有以下一些用法。

（1）图形元件可以存放图片，也可以存放动画。

（2）图形元件可以进行自身嵌套。

（3）图形元件的播放要与主时间轴同步。

任务四　制作影片剪辑元件

任务目标

本任务的目标是通过两个典型实例说明影片剪辑元件的应用，并从实例中比较出影片剪辑元件和图形元件的不同之处。

任务分析

影片剪辑元件是动画制作中必不可少的类型，学会使用影片剪辑是制作动画的关键。影片剪辑有着自己的工作区和时间轴，它以存放动画片段为主，当然也可以存放静态的图像。

操作一　制作"夏日萤火虫"影片剪辑

在任务三已经通过图形元件制作了"夏日萤火虫"动画，下面通过影片剪辑元件来制作"夏日萤火虫"。制作"夏日萤火虫"影片剪辑的具体操作步骤如下。

（1）新建一个 Flash 文档，设置文档大小为"400×300 像素"、背景颜色为黑色，如图 4-51 所示，并保存文档为"制作夏日萤火虫影片剪辑.fla"。

（2）选择"插入"→"新建元件"命令，打开"创建新元件"对话框，设置"名称"为"萤火虫"，"类型"为"影片剪辑"，如图 4-52 所示。

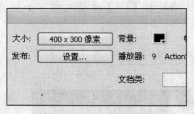

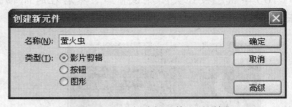

图 4-51　设置文档属性　　　　　　　图 4-52　"创建新元件"对话框

（3）单击 确定 按钮关闭对话框，在打开的"萤火虫"编辑窗口中绘制一个填充颜色为无颜色的圆。

（4）选择颜料桶工具，在"颜色"面板中设置填充颜色为"放射状"渐变色，分别设置颜色为"#FDDE06"、Alpha 值为 57%和颜色为"#FFF5B7"、Alpha 值为 0%。

（5）然后用与任务三相同的方法分别在第 5、10、15、20 帧处插入关键帧，分别对关键帧处的图形进行调整，然后分别创建补间形状，如图 4-53 所示。

（6）单击 🔲场景 按钮返回主场景，然后在场景绘制出表现夜空的图形，如图 4-54 所示。

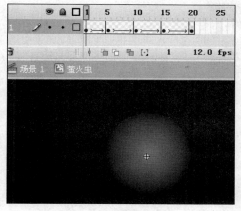

图 4-53　制作影片剪辑

图 4-54　绘制夜空图形

（7）从"库"面板中拖曳"萤火虫"元件到场景中作为实例，并用任意变形工具 🔲 调整实例的大小，如图 4-55 所示。

（8）按【Ctrl+Enter】组合键测试影片，动画效果如图 4-56 所示。

图 4-55　调整实例大小

图 4-56　测试影片

☎提示：通过制作影片剪辑元件和图形元件的比较，我们知道了图形元件在场景中播放时需要与主时间轴同步，而影片剪辑元件可以脱离主时间轴的控制。所以我们应该掌握在制作动画的过程中需要使用什么元件。

操作二　制作"飞行的彩球"

本实例中将"彩球"做成影片剪辑元件，通过重复地使用元件制作特殊的效果。制作"飞行的彩球"的具体操作步骤如下。

（1）新建一个 Flash 文档，设置文档大小为"400×300 像素"、背景颜色为绿色，并保存文档为"制作飞行的彩球.fla"。

（2）选择椭圆工具 ，将填充颜色设置为"#E6E6E6"、"#00FF00"的放射状渐变色，如图 4-57 所示。

（3）在场景中绘制一个圆球，如图 4-58 所示。

图 4-57　设置填充色

图 4-58　绘制图形

（4）用选择工具 选择边线，然后选择"修改"→"形状"→"柔化填充边缘"命令，在打开的"柔化填充边缘"对话框中设置属性，如图 4-59 所示。

（5）单击 确定 按钮关闭对话框，效果如图 4-60 所示。

图 4-59　设置填充边缘

图 4-60　填充效果

（6）选择圆球图形，按【F8】键，在弹出的"转换为元件"对话框中设置"名称"为"绿球"，"类型"为"影片剪辑"，如图 4-61 所示。

（7）单击 确定 按钮关闭对话框，图形转换为元件，如图 4-62 所示。

图 4-61　"转化为元件"对话框

图 4-62　"绿球"图形元件

（8）选择"绿球"图形元件实例，按【F8】键将其转换为"彩球"影片剪辑元件，然后双击元件"彩球"打开编辑窗口，选择"彩球"元件，在"滤镜"面板中添加"投影"效果，并设置"强度"为 60%、"品质"为高、"颜色"为"#66FFFF"、"角度"为 200、"距离"为 10，如图 4-63 所示。

（9）添加投影效果如图 4-64 所示。

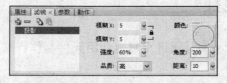

图 4-63　设置填充边缘

图 4-64　填充效果

（10）选择"绿球"实例，选择"插入"→"时间轴特效"→"效果"→"展开"命令，在打开的"展开"对话框中设置"效果持续时间"为 20 帧、"展开方向"为两边、"碎片偏移"为 20，如图 4-65 所示。

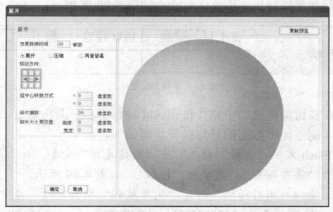

图 4-65　"展开"对话框

（11）单击 确定 按钮关闭对话框，应用展开效果如图 4-66 所示。

（12）按【Ctrl+Enter】组合键测试影片，效果如图 4-67 所示。

图 4-66　应用展开效果　　　　　　　　　　图 4-67　测试影片

知识回顾

本任务主要学习了影片剪辑元件的制作过程，它和图形元件有许多相同之处，但重要的在于它们的区别之处，影片剪辑具有许多图形元件不能达到的效果，在以后的动画制作中应该更好地应用元件。

任务五　制作按钮元件

任务目标

本任务的目标是通过制作按钮元件的实例来掌握 Flash 按钮的创建与使用方法。

任务分析

在 Flash 中，按钮是以元件的方式存在的，并且 Flash 软件已经固化了按钮元件的制作环境，它用 4 个状态的帧来模仿按钮的 4 个状态，如图 4-68 所示。

图 4-68　按钮的编辑环境

制作按钮都是在按钮编辑窗口中制作按钮的 4 种状态，下面将通过一个简单的实例来理解按钮制作的过程。制作简单按钮的具体操作步骤如下。

（1）新建一个 Flash 文档，选择"插入"→"新建元件"命令，在打开的"创建新元件"对话框中设置名称为"简单按钮"，类型为"按钮"，如图 4-69 所示。

（2）单击 确定 按钮关闭对话框，打开"简单按钮"编辑窗口，在"弹起"帧上绘制如图 4-70 所示的图形，填充颜色为"#0033FF"、"#F9F9FF"和"#0033FF"。

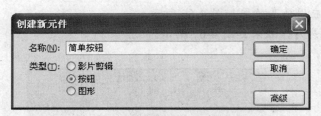

图 4-69　创建按钮

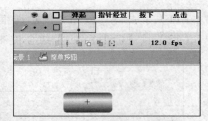

图 4-70　按钮编辑窗口

（3）在"指针经过"帧处按【F6】键插入关键帧，然后选择图形并将填充颜色设置为"#006600"、"#F9F9FF"和"#009933"，如图 4-71 所示。

（4）在"按下"帧处按【F6】键插入关键帧，然后选择图形并将填充颜色设置为"#FFFF00"、"#F9F9FF"和"#FF6600"，如图 4-72 所示。

图 4-71　制作"指针经过"帧

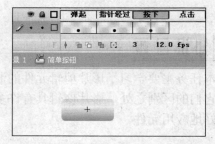

图 4-72　制作"按下"帧

（5）在"按下"帧处按【F6】键插入关键帧，然后选择图形并将填充颜色设置为"#CC0000"、"#F9F9FF"和"#FF0000"，如图 4-73 所示。

（6）单击 场景 1 按钮返回场景，从"库"面板将"简单按钮"元件拖入场景，选择"控制"→"启动简单按钮"命令启动按钮预览，效果如图 4-74 所示。

图 4-73　制作"点击"帧

图 4-74　预览按钮

（7）将鼠标指针定位到按钮上，效果如图 4-75 所示，按下按钮效果如图 4-76 所示。

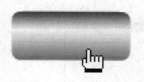

图 4-75　鼠标经过效果

图 4-76　按下效果

知识回顾

本任务主要介绍了典型的按钮实例，主要在于理解 4 个关键帧在按钮中的作用，以便以后能轻松地掌握在按钮中加入动画效果的方法。

实训一　导入 AI 图像

实训目标

本实训的目标是练习导入 AI 图形素材。

实训要求

（1）建立一个 Flash 文档。

（2）使用菜单命令导入 AI 素材到库中。

（3）应用素材实例。

操作步骤

（1）新建一个 Flash 文档，并将其保存为"导入 AI 文件.fla"。

（2）选择"文件"→"导入"→"导入到库"命令，在弹出的"导入到库"对话框中选择"素材\模块四\水晶.ai"，如图 4-77 所示。

（3）单击 打开⑩ 按钮，弹出"正在导入外部文件"对话框，如图 4-78 所示。

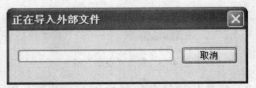

<table><tr><td>图 4-77 "导入到库"对话框</td><td>图 4-78 "正在导入外部文件"对话框</td></tr></table>

（4）打开"将'水晶.ai'导入到库"对话框，在对话框中可以选择导入的元素和设置属性，如图 4-79 所示。

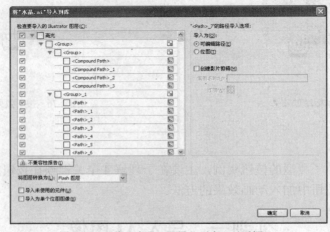

图 4-79 "将'水晶.ai'导入到库"对话框

（5）单击 确定 按钮关闭对话框，将 AI 图层文件导入到库，打开"库"面板查看导入 AI 文件的图层元素，如图 4-80 所示。

（6）从"库"面板中将"水晶.ai"图形元件拖入到场景中，如图 4-81 所示。

<table><tr><td>图 4-80 导入的素材</td><td>图 4-81 添加图形到场景</td></tr></table>

实训二 制作"弹跳的小球"

实训目标

本实训的目标是练习图形元件和影片剪辑元件的制作方法和应用。

实训要求

（1）建立一个 Flash 动画文档、设置文档的大小为"300×400 像素"。
（2）用椭圆工具和颜料桶工具绘制小球图形。
（3）将图形转换为图形元件。
（4）创建影片剪辑元件，并创建弹跳动画。

操作步骤

（1）新建一个 Flash 文档，设置文档大小为"300×400 像素"，选择椭圆工具 ⬭ ，设置填充颜色为"#FFFF00"和"#FF6600"，如图 4-82 所示。
（2）在场景中绘制小球图形，如图 4-83 所示。

图 4-82 设置填充颜色

图 4-83 绘制图形

（3）选择小球图形，按【F8】键打开"转换为元件"对话框，设置名称为"小球"，类型为"图形"，如图 4-84 所示。
（4）单击 确定 按钮关闭对话框，图形转换为元件，如图 4-85 所示。

图 4-84 "转换为元件"对话框

图 4-85 "小球"图形元件

（5）选择"小球"图形元件实例，按【F8】键打开"转换为元件"对话框，设置名称为"弹跳"，类型为"影片剪辑"，如图 4-86 所示。
（6）单击 确定 按钮关闭对话框，"弹跳"影片剪辑元件如图 4-87 所示。

图 4-86 "转换为元件"对话框　　　　　图 4-87 "弹跳"影片剪辑元件

（7）双击"弹跳"元件实例，打开编辑窗口，分别在第 10 帧和第 20 帧处按【F6】键插入关键帧，将第 10 帧处的"小球"实例垂直向下拖动到合适的位置，如图 4-88 所示。

（8）将鼠标指针移动到时间帧的第 1 帧处，单击鼠标右键，在弹出的快捷菜单中选择"创建补间动画"命令创建补间动画，用同样的方法在第 10 帧处创建补间动画，如图 4-89 所示。

（9）单击 场景1 按钮返回场景，打开"库"面板查看制作的图形元件和影片剪辑元件，如图 4-90 所示，将"弹跳"元件拖入到场景中，按【Ctrl+Enter】组合键测试效果如图 4-91 所示。

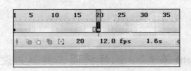

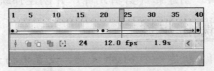

图 4-88 插入关键帧　　　　　　　　图 4-89 创建补间动画

图 4-90 "库"面板　　　　　　　　图 4-91 测试效果

拓 展 练 习

1．绘制按钮，效果如图 4-92 所示。

（1）新建一个 Flash 文档，并创建按钮元件。
（2）在"弹起"关键帧处绘制图形。
（3）在"鼠标经过"帧处插入关键帧，并旋转图形。
（4）在"按下"帧处插入关键帧，并修改图形颜色。
（5）在"点击"帧处插入关键帧，并修改图形颜色。

2．制作水晶球，效果如图 4-93 所示。

（1）新建一个 Flash 文档，并导入位图到场景中。

（2）分离位图，并截取一个圆。

（3）绘制透明渐变色的圆图形，并转换为图形元件。

（4）将圆元件实例放置于位图圆形上。

（5）绘制星星图形，并放置多个于图形元件上。

图 4-92　制作按钮

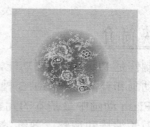

图 4-93　制作水晶球

模块五　制作简单动画

模块简介

　　动画制作是 Flash 的主要功能，在前面的模块中已经有所接触，本模块将通过逐帧动画、补间形变动画和补间动作动画 3 种基本动画的制作，详细介绍动画的制作原理及方法。帧和关键帧是 Flash 动画中最基本的元素，Flash CS3 中对动画的制作和编辑，实际上就是对帧和关键帧所做的编排和调整。熟练掌握帧的基本操作和 3 种基本动画的制作方法，就可以制作出各类精美的 Flash 动画。

学习目标

　　📖　了解 Flash 动画的类型
　　📖　理解帧和关键帧
　　📖　掌握逐帧动画的制作
　　📖　掌握补间形状动画的制作
　　📖　掌握补间动作动画的制作

任务一　熟悉动画制作基础

任务目标

　　本任务的目标是了解 Flash 的 3 种基本动画以及帧的操作。

任务分析

　　Flash 动画主要有 3 种基本动画形式：逐帧动画（见图 5-1）、补间形状动画（见图 5-2）和补间动作动画（见图 5-3）。

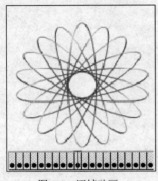
图 5-1　逐帧动画

图 5-2　补间形状动画

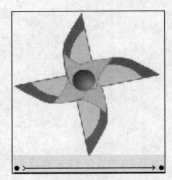
图 5-3　补间动作动画

Flash 动画的主要元素就是帧，因此在了解 Flash 的基本动画制作前，应该先认识时间轴和帧，Flash 的"时间轴"面板如图 5-4 所示。

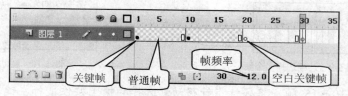

图 5-4　时间轴和帧

● 关键帧：在时间轴上以黑色实心圆（.）的形式存在，用来定义动画的变化环节、更改状态的帧，场景中的实例对象必须通过关键帧来编辑。如果关键帧中的内容被删除，那么关键帧就会转换为空白关键帧。

● 普通帧：在时间轴上以一个灰色方块（ ）表示，它能显示实例对象，但不能对实例对象进行编辑操作，它主要用来延续关键帧的实例对象在时间轴中的播放时间。

● 空白关键帧：在时间轴上以空心圆（ ）的形式存在，空白关键帧是没有包含实例内容的关键帧，它主要用于结束前一个关键帧的内容或用于分隔两个相连的补间动画。

操作帧的具体操作步骤如下。

（1）新建文档，并在场景中绘制一个圆，创建一个实例对象，即创建了一个关键帧，如图 5-5 所示。

（2）在第 10 帧处单击并按【F6】键插入关键帧，如图 5-6 所示。

图 5-5　创建实例对象

图 5-6　插入关键帧

（3）单击第 5 帧并按【F7】键插入空白帧，如图 5-7 所示。

（4）单击第 15 帧并按【F5】键插入普通帧，如图 5-8 所示。

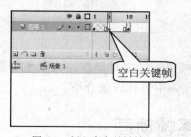

图 5-7　插入空白关键帧

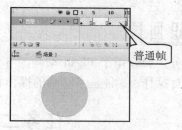

图 5-8　插入普通帧

（5）按住【Shift】键的同时分别单击第 5 帧和第 1 帧以连续选择多个帧，如图 5-9 所示。

（6）将鼠标指针移动到选择的 1~5 帧处单击鼠标右键，在弹出的快捷菜单中选择"复制帧"命令复制帧，然后将鼠标指针移动到第 16 帧处单击鼠标右键，在弹出的快捷菜单中选择

"粘贴帧"命令粘贴帧,如图 5-10 所示。

图 5-9　连续选择多个帧

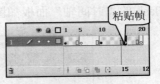

图 5-10　粘贴帧

(7) 选择第 10～15 帧,将鼠标指针移动到选择的帧上按住鼠标左键不放向右拖曳到第 21 帧处松开鼠标左键,完成移动帧操作,如图 5-11 所示。

(8) 分别在第 16～19 帧处按【F5】键插入关键帧,如图 5-12 所示。

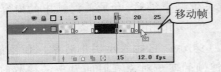

图 5-11　移动帧

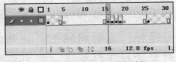

图 5-12　插入关键帧

(9) 选择第 16 帧,按【Delete】键删除此关键帧处的实例对象,此时关键帧变成空白关键帧,如图 5-13 所示。

(10) 选择第 16 帧,按【Shift+F5】组合键删除帧,如图 5-14 所示。

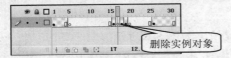

图 5-13　删除实例对象

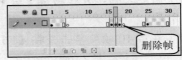

图 5-14　删除帧

(11) 选择第 16 帧,单击鼠标右键,在弹出的快捷菜单中选择"清除关键帧"命令清除关键帧,如图 5-15 所示。

(12) 选择第 1～30 帧,单击鼠标右键,在弹出的快捷菜单中选择"翻转帧"命令使第 1～30 帧进行翻转排列,如图 5-16 所示。

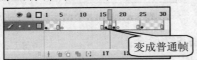

图 5-15　清除关键帧

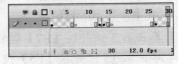

图 5-16　翻转帧

知识回顾

本任务主要介绍了 Flash 动画的 3 种类型并对帧进行了多种操作。可以使用菜单命令和快捷键进行操作;3 种基本动画的操作将在下面的任务中进行详细介绍。

任务二　制作逐帧动画

任务目标

本任务的目标是通过制作"变换的线条"实例和"计时器"实例来掌握"逐帧动画"的

原理和制作方法。

任务分析

逐帧动画运用了最原始的动画原理，在每一个关键帧上放置具有连贯画面的实例，进行连续播放时就可以看到动画效果。

操作一　制作"变换的线条"

通过制作"变换的线条"动画，读者可以掌握关键帧的插入等操作，其具体操作步骤如下。

（1）新建一个 Flash 文档，设置场景为黑色，并保存为"制作变换的线条.fla"。选择椭圆工具 ◎ ，设置填充颜色为无颜色，笔触颜色为七彩渐变色，绘制一个椭圆，如图 5-17 所示。

（2）在第 2 帧处按【F6】键插入关键帧。选择椭圆，按【Ctrl+C】组合键复制图形，选择"编辑"→"粘贴到当前位置"命令在原位置粘贴图形，然后在"变形"面板中设置旋转为 20 度，按【Enter】键旋转图形，如图 5-18 所示。

图 5-17　绘制椭圆线条

图 5-18　制作第 2 帧

（3）在第 3 帧处按【F6】键插入关键帧，用与第（2）步相同的方法复制一个椭圆线条并旋转 20 度，如图 5-19 所示。

（4）用相同的方法，依次在第 4～10 帧插入关键帧并复制然后旋转 20 度，如图 5-20 所示。

图 5-19　制作第 3 帧

图 5-20　制作第 4～10 帧

（5）在时间轴中选择第 1～10 帧，单击鼠标右键，在弹出的快捷菜单中选择"复制帧"命令。然后将鼠标指针定位到第 11 帧处单击鼠标右键，在弹出的快捷菜单中选"粘贴帧"命令，如图 5-21 所示。

（6）选择第 11～20 帧，单击鼠标右键，在弹出的快捷菜单中选择"翻转帧"命令颠倒帧的播放顺序，如图 5-22 所示。

图 5-21　复制粘贴帧

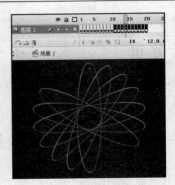

图 5-22　翻转帧

（7）按【Ctrl+S】组合键保存文档，然后按【Ctrl+Enter】组合键测试动画。

操作二　制作"计时器"

通过制作"计时器"动画，掌握文本型逐帧动画的制作方法，其具体操作步骤如下。

（1）新建一个 Flash 文档，设置场景为黑色，并保存为"制作计时器.fla"文档。选择椭圆工具 ，设置填充颜色为灰色，笔触颜色为蓝色，笔触大小为 3，然后在场景中绘制一个圆，如图 5-23 所示。

（2）选择文本工具 T，设置文本颜色为绿色、大小为 90，然后输入数字"1"，如图 5-24 所示。

图 5-23　绘制圆

图 5-24　输入数字

（3）在第 10 帧处按【F6】键插入关键帧，然后将数字修改为"2"，如图 5-25 所示。

（4）用相同的方法，依次在第 20、30、40 帧处插入关键帧并将数字分别修改为"3"、"4"、"5"，如图 5-26 所示。

图 5-25　制作第 10 帧

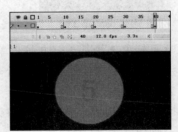

图 5-26　修改数字

（5）按【Ctrl+S】组合键保存文档，然后按【Ctrl+Enter】组合键测试动画。

知识回顾

本任务主要介绍了逐帧动画的制作方法，从中可知道逐帧动画适合制作不规则变化的动画，如人和动物的基本动作等。

任务三　制作补间形状动画

任务目标

本任务的目标是通过几个实例（见图 5-27、图 5-28 和图 5-29）来掌握补间形状动画的制作方法。

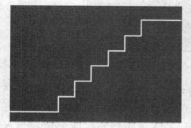

图 5-27　行进中的轨迹　　　　　图 5-28　变色龙　　　　图 5-29　三棱锥的旋转

任务分析

补间形状动画首先需要确定开始和结束两个关键帧中的形状，由开始关键帧中的形状变成结束关键帧中的形状，而开始和结束之间的状态由 Flash 自动完成。补间形状动画的创建可以通过"属性"面板也可以通过在时间帧中单击鼠标右键，在鼠标右键菜单中完成。

操作一　制作"行进中的轨迹"

通过制作"行进中的轨迹"动画，可以掌握形状补间动画的制作方法，其具体操作步骤如下。

（1）新建一个 Flash 文档，设置场景大小为"500×200 像素"，背景颜色为"#0066FF"，并将文档保存为"行动中的轨迹.fla"。

（2）选取直线工具 ，设置笔触色为白色、笔触大小为 3，在场景中绘制一条小线段，如图 5-30 所示。

（3）在第 10 帧处插入关键帧，用部分选取工具 选择线段，然后将鼠标指针定位到右侧的控制点上，此时鼠标指针变成如图 5-31 所示的形状，单击选择此控制点，按【Shift+→】组合键使线段增长，如图 5-32 所示。

☎ 说明：按住【Shift】键+方向键，可以使对象以 10 像素的速度移动。

图 5-30　绘制小线段

图 5-31　选择控制点

图 5-32　增长的线段

（4）在第 12 帧处插入关键帧，并在线段右端向上绘制一条小线段，如图 5-33 所示。

（5）在第 15 帧处插入关键帧，用部分选取工具 选择上端的控制点，按【Shift+↑】组合键使线段增长，增长后的效果如图 5-34 所示。

图 5-33　绘制的小线段

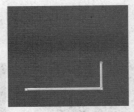
图 5-34　增长后的效果

（6）在第 16 帧处插入关键帧，在垂直方向的线段上端向右绘制一条小线段，如图 5-35 所示。

（7）在第 20 帧处插入关键帧，用部分选取工具 选择小线段右端的控制点，按【Shift+→】组合键使线段增长，增长后如图 5-36 所示。

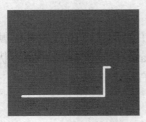
图 5-35　绘制的线段

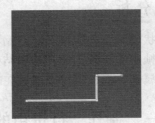
图 5-36　增长后的效果

（8）按步骤（4）～（7）的方法完成其余阶梯线段的增长效果制作，完成后的线段如图 5-37 所示。

（9）在第 1 帧处单击鼠标右键，在弹出的快捷菜单中选择"创建补间形状"命令，如图 5-38 所示。

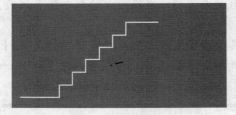
图 5-37　完成后的线段

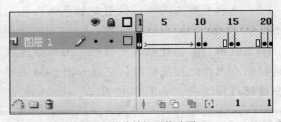
图 5-38　创建补间形状动画

（10）用同样方法，分别为第 11～15 帧、第 16～20 帧、第 21～25 帧、第 26～30 帧、第 31～35 帧、第 36～40 帧、第 41～45 帧、第 46～50 帧、第 51～55 帧、第 56～60 帧、第 61～65 帧、第 66～75 帧创建补间形状动画，完成后的时间轴如图 5-39 所示。

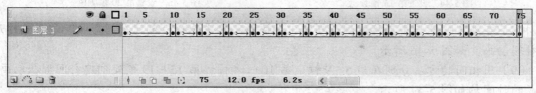

图 5-39　创建补间形状后的时间轴

（11）保存文档，按【Ctrl+Enter】组合键测试影片。

操作二　制作"变色龙"

使用文本也可以制作形状补间动画，如文本的变色动画，其具体操作步骤如下。

（1）新建一个 Flash 文档，设置场景大小为"400×200 像素"，背景颜色为黑色，并将文档保存为"制作变色龙.fla"。

（2）选取文本工具 T，设置字体为宋体、大小为 80、颜色为蓝色，在场景中输入文本"变色龙"，如图 5-40 所示。

（3）选择文字，在"对齐"面板中设置相对场景水平、垂直居中对齐，然后按【Ctrl+B】组合键两次分离文字，如图 5-41 所示。

图 5-40　输入文本

图 5-41　分离文本

（4）在第 5 帧处插入关键帧，用颜料桶工具 将文本填充为"#00FF00"，如图 5-42 所示。

（5）在第 10 帧插入关键帧，用颜料桶工具 将文本填充为"#336600"，如图 5-43 所示。

图 5-42　设置第 5 帧颜色

图 5-43　设置第 10 帧颜色

（6）在第 15 帧处插入关键帧，用颜料桶工具 将文本填充为"#FF0000"，如图 5-44 所示。

（7）在第 20 帧处插入关键帧，用颜料桶工具 将文本填充为"#0066FF"，如图 5-45 所示。

图 5-44　设置第 15 帧颜色

图 5-45　设置第 20 帧颜色

（8）在第 1 帧处单击鼠标右键，在弹出的快捷菜单中选择"创建补间形状"命令创建形状补间动画，如图 5-46 所示。

（9）用相同的方法分别在第 5～9 帧、第 10～14 帧、第 15～19 帧处创建补间形状动画，完成的时间轴如图 5-47 所示。

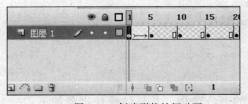

图 5-46　创建形状补间动画

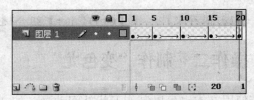

图 5-47　创建形状补间动画

（10）保存并测试动画。

操作三　制作"三棱锥的旋转"

若要控制更加复杂或罕见的形状变化，可以使用形状提示，形状提示会标识起始形状和结束形状中相对应的点。形状提示包含字母（从 a 到 z），用于识别起始形状和结束形状中相对应的点，最多可以使用 26 个形状提示。下面将通过"制作三棱锥的旋转"动画来说明形状提示的使用方法，其具体操作步骤如下。

（1）新建一个 Flash 文档，设置场景大小为"400×300 像素"，并保存为"制作三棱锥的旋转.fla"。

（2）选取直线工具 ，设置笔触色为黑色、笔触大小为 0.25，在场景中绘制一个如图 5-48 所示的三棱锥图形轮廓。

（3）用颜料桶工具 将图形填充为黑白渐变颜色，然后删除轮廓线条，如图 5-49 所示。

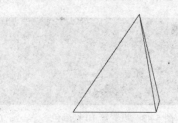

图 5-48　绘制图形

图 5-49　填充图形

（4）在第 20 帧处插入关键帧，然后选择图形，选择"修改"→"变形"→"水平翻转"命令，如图 5-50 所示。

（5）在第 1～20 帧处创键形状补间动画，如图 5-51 所示。

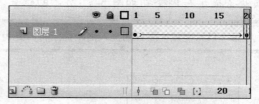

图 5-50　翻转图形　　　　　　　　　　图 5-51　创建形状补间动画

（6）将鼠标指针定位到时间轴的播放指针上，按住鼠标左键不放拖曳查看动画效果，如图 5-52 所示。

（7）在第 1 帧处，选择"修改"→"形状"→"添加形状提示"命令插入形状提示符 a，如图 5-53 所示。

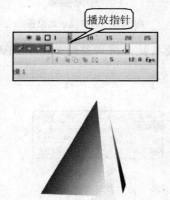

图 5-52　预览动画效果　　　　　　　　图 5-53　插入形状提示符 a

（8）将鼠标指针定位到形状提示符 a 上，按住鼠标左键不放，将其拖曳到三棱锥顶部，如图 5-54 所示。

（9）单击第 20 帧，在第 20 帧处也有与第 1 帧处对应的提示符 a，在第 20 帧处将提示符 a 拖曳到三棱锥顶部，如图 5-55 所示。

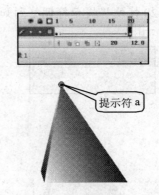

图 5-54　调整形状提示符位置　　　　　图 5-55　调整形状提示符位置

（10）用相同的方式插入提示符 b，并在第 1 帧处将提示符调整到如图 5-56 所示的位置，在第 20 帧处将提示符调整到如图 5-57 所示的位置。

☎ 说明：在第（11）、（12）步分别插入两个提示符，是为了让渐变色保持对应地转动。

图 5-56　插入提示符 b

图 5-57　调整提示如位置

（11）用相同的方式插入提示符 c 和 d，并在第 1 帧处将提示符调整到如图 5-58 所示的位置，在第 20 帧处将提示符调整到如图 5-59 所示的位置。

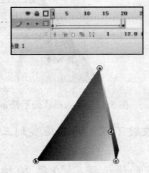

图 5-58　插入提示符 c、d

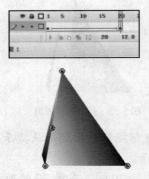

图 5-59　调整提示符位置

（12）用相同的方式插入提示符 e 和 f，并在第 1 帧处将提示符调整到如图 5-60 所示的位置，在第 20 帧处将提示符调整到如图 5-61 所示的位置。

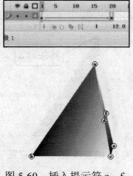

图 5-60　插入提示符 e、f

图 5-61　调整提示符位置

（13）保存文挡，在时间轴上拖曳播放指针预览动画过程，如图 5-62、图 5-63 所示。

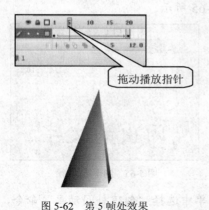

拖动播放指针

图 5-62　第 5 帧处效果　　　　　　　　　　　　　图 5-63　第 15 帧处效果

知识回顾

本任务通过几个实例的学习，我们知道了形状补间动画的制作方法，形状补间动画一般应用于实例形状或者颜色变化，创建补间动画需要使用矢量图形。形状提示符是制作形状补间动画中比较重要的知识，需要重点掌握，同时需要注意调整形状提示符到正确的位置，当形状提示符颜色变为绿色时即表示所放置的位置是正确的，否则放置的位置是不正确的，需要继续对其进行调整。形状提示符所放置的位置不同，其产生的动画效果也有差别，用户需要多练习并仔细观察。

任务四　制作补间动画

任务目标

本任务的目标是了解补间动画的特点和用途，以及补间动画的创建方法。

任务分析

补间动画是 Flash 动画中应用最多的一种动画类型，通常用于在两个关键帧之间为相同的图形创建移动、旋转、缩放等动画效果。

操作一　制作"闪出的文字"

本操作将通过制作闪出的文字效果为例，让用户了解动画补间动画的制作方法。制作"闪出的文字"的具体操作步骤如下。

（1）新建一个 Flash 文档，设置文档大小为 "500×300 像素"、背景颜色为绿色，并保存文档为 "制作闪出的文字.fla"。

（2）使用文本工具 T 在场景中输入文本 "闪出的文字"，字体为楷体、大小为 40、颜色为蓝色，如图 5-64 所示。

（3）将文本转换为图形元件"文字"，并将文本实例移动到场景外，在第 10 帧处按【F6】键插入关键帧，并将文本实例移动到场景中，如图 5-65 所示。

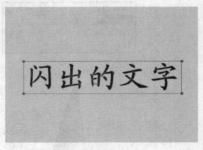

图 5-64　输入文本

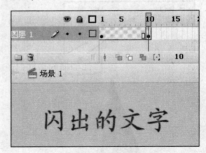

图 5-65　制作第 10 帧

（4）在第 1 帧处单击鼠标右键，在弹出的快捷菜单中选择"创建补间动画"命令，如图 5-66 所示。

（5）在第 40 帧处按【F6】键插入关键帧，并将文字实例向右移动少许位置，然后在第 10～39 帧处创建补间动画，如图 5-67 所示。

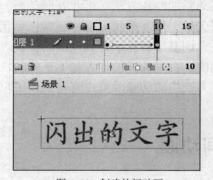

图 5-66　创建补间动画

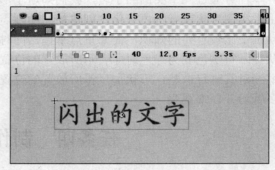

图 5-67　制作第 40 帧

（6）在第 60 帧处按【F6】键插入关键帧，选择文本实例，在"属性"面板中设置"颜色样式"的 Alpha 值为 5%，然后在第 40 帧处创建补间动画，如图 5-68 所示。

（7）在时间轴中单击"绘制纸外观"按钮，在时间轴中单击帧并拖动指针可以预览动画变化过程，如图 5-69 所示。

图 5-68　设置元件属性

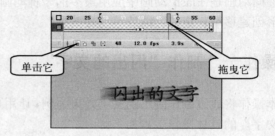

图 5-69　预览动画效果

提示：创建补间动画都是在两个关键帧之间创建，在创建补间动画的两个关键帧上的实例对象只能使用元件，如图形元件、影片剪辑元件。

操作二 制作"纸风车"

本任务将通过制作"纸风车"这个实例来来学习运用补间动画属性制作更为生动的动画效果。制作"纸风车"的具体操作步骤如下。

（1）新建一个 Flash 文档，设置文档大小为"400×400 像素"，并保存文档为"制作纸风车.fla"。

（2）使用绘图工具在场景中绘制一个风车叶片图形，如图 5-70 所示。

（3）复制叶片图形，在"变形"面板中将其旋转 90 度，并调整位置，重复复制和旋转操作，完成风车图形制作，如图 5-71 所示。

图 5-70 绘制图形

图 5-71 复制图形

（4）用绘图工具绘制一个如图 5-72 所示的图形。

（5）复制 3 个图形并旋转，然后将图形和叶片图形组合，如图 5-73 所示。

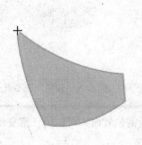

图 5-72 绘制图形

图 5-73 复制并组合图形

（6）在图形中心位置绘制一个圆，如图 5-74 所示。

（7）选择图形，按【F8】键将图形转换为"风车"影片剪辑元件，如图 5-75 所示。

（8）用任意变形工具选择"风车"实例，将鼠标指针移动到中心点上，按住鼠标左键不放将其拖曳到如图 5-76 所示的位置。

（9）在第 40 帧处插入关键帧，在第 1～39 帧处创建补间动画，然后在"属性"面板中设置"旋转"为逆时针、旋转数为 1 次，如图 5-77 所示。此时的时间帧如图 5-78 所示。

图 5-74　绘制圆

图 5-75　转换为元件

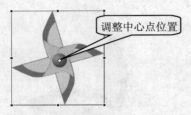

图 5-76　调整中心点位置

图 5-77　设置补间动画属性

（10）在时间轴上预览动画变化过程，如图 5-79 所示。

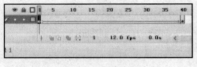

图 5-78　创建补间动画

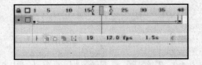

图 5-79　预览动画变化

📖 技巧：本实例在第（8）步的操作中，当实例的中心点不在所需位置时，可以用任意变形工具选择元件实例，然后调整中心点的位置。

操作三　制作"弹跳的小球"

在上一模块的实训二中制作了"弹跳的小球"，但是弹跳的效果并不符合实际，本任务将通过制作运用补间动画中的"缓动"属性来控制小球的弹跳效果。制作"弹跳的小球"的具体操作步骤如下。

（1）新建一个 Flash 文档，设置文档大小为"200×400 像素"，并保存文档为"制作弹跳的小球fla"。

（2）使用绘图工具在场景中绘制一个小球图形，选择图形并按【F8】键打开"转换为元件"对话框，输入名称为"小球"，选择类型为"图形"，如图5-80所示。

（3）单击 确定 按钮关闭对话框，"小球"图形元件如图5-81所示。

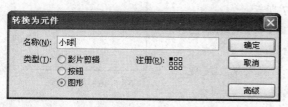

图5-80 "转换为元件"对话框

图5-81 "小球"图形元件

（4）分别在第20帧、第40帧处插入关键帧，如图5-82所示。

（5）在第20帧处，按住【Shift】键将小球实例向下拖动，如图5-83所示。

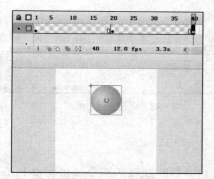

图5-82 插入关键帧

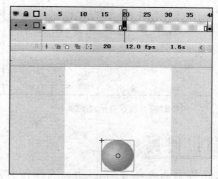

图5-83 调整小球实例位置

（6）在第1～19帧处单击鼠标右键，在弹出的快捷菜单中选择"创建补间动画"命令，完成补间动画的创建，如图5-84所示。

（7）单击第1帧，在"属性"面板中单击 编辑... 按钮，打开"自定义缓入/缓出"对话框，在"自定义线"上单击出现"控制点"，拖动控制点调整自定义线的弧度，用相同的方法调整自定义线到合适的位置，单击 ▶ 按钮可以预览动画效果，如图5-85所示。单击 确定 按钮关闭对话框。

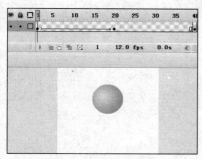

图5-84 创建补间动画

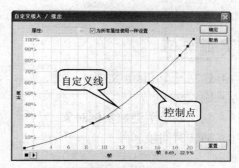

图5-85 设置缓动

（8）在时间轴中单击"绘制纸外观轮廓"按钮 □，预览第 1～20 帧动画变化，从实例轮廓可以看出小球向下运动速度越来越快，如图 5-86 所示。

（9）在第 20～39 帧处创建补间动画，单击第 20 帧，在"属性"面板中单击 编辑... 按钮打开"自定义缓入/缓出"对话框，并调整"自定义线"的位置，如图 5-87 所示。

（10）单击 确定 按钮关闭对话框，此时的时间轴如图 5-88 所示。

（11）最后按【Ctrl+Enter】组合键进行测试效果，发现动画与现实是一致的，即下落加速，上升减速。

图 5-86　预览动画

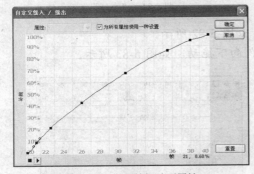

图 5-87　设置补间动画属性

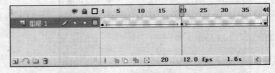

图 5-88　创建补间动画

知识回顾

本任务主要介绍了补间动画的制作方法，从中可知道补间动画的两个关键帧必须为组合状态，相同对象相同运动时只需要两个关键帧，应尽可能减少关键帧，以减小动画文件的体积。如果是多个对象要进行不同的运动时，要把不同的对象放在不同的层上。

实训一　制作"打字"动画

实训目标

本实训的目标是练习制作逐帧动画。

实训要求

（1）建立一个 Flash 文档。
（2）输入文本。
（3）制作各个关键帧实例对象。
（4）翻转时间帧。

操作步骤

（1）新建一个 Flash 文档，设置文档大小为“550 × 200 像素”、背景颜色为黑色，并保存文档为“制作打字动画.fla”。

（2）选择文本工具T，设置大小为 30、字体为宋体、颜色为白色，在场景中输入文本，并用线条工具绘制线段作为输入光标图形，如图 5-89 所示。

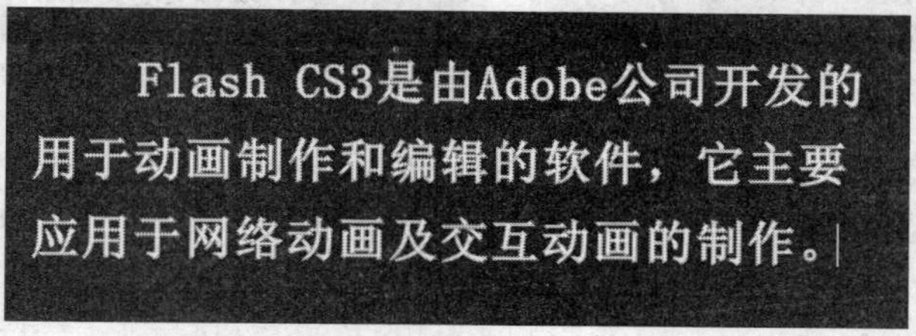
Flash CS3是由Adobe公司开发的
用于动画制作和编辑的软件，它主要
应用于网络动画及交互动画的制作。

图 5-89　输入文本

（3）在第 2 帧处插入关键帧，然后删除段落尾的句号，并移动输入光标图形的位置，如图 5-90 所示。

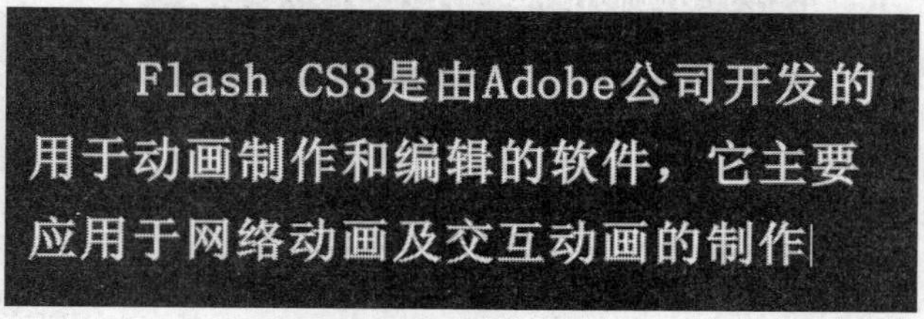
Flash CS3是由Adobe公司开发的
用于动画制作和编辑的软件，它主要
应用于网络动画及交互动画的制作

图 5-90　删除第 2 帧处文字

（4）在第 4 帧处插入关键帧，然后删除文字“作”，并移动输入光标图形的位置，如图 5-91 所示。

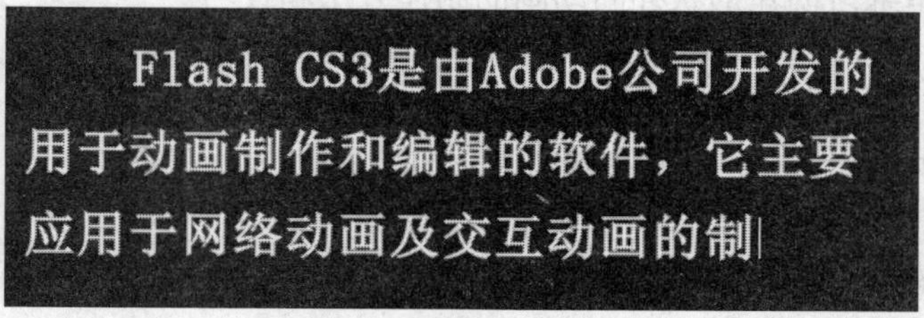
Flash CS3是由Adobe公司开发的
用于动画制作和编辑的软件，它主要
应用于网络动画及交互动画的制

图 5-91　删除第 4 帧处文字

（5）用同样的方法依次在第 6 ~ 73 帧处插入关键帧，并依次从文本尾向文本前删除一个文字，如图 5-92 所示。

1 5 10 15 20 25 30 35 40 45 50 55 60 65 70
73 12.0 fps 6.0s
工作区
Flash CS3是由Adobe

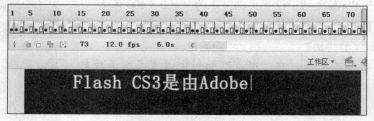

图 5-92　制作第 6～73 帧

（6）用同样的方法依次在第 74～78 帧处插入关键帧，并删除一个文字，如图 5-93 所示。

（7）用同样的方法依次在第 79～92 帧处插入关键帧，并删除一个文字，如图 5-94 所示。

图 5-93　制作第 74～78 帧

图 5-94　制作第 79～92 帧

（8）选择第 1～92 帧，单击鼠标右键，在弹出的快捷菜单中选择"翻转帧"命令翻转时间轴中的帧，从而完成打字效果的制作，即文本逐个出现，如图 5-95 所示。

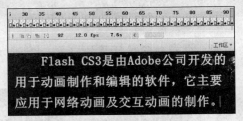

图 5-95　翻转帧

实训二　制作"太阳光"

实训目标

本实训的目标是练习创建形状补间动画的制作方法和技巧。

实训要求

（1）建立一个 Flash 文档，设置文档的大小为"400×400 像素"。

（2）用椭圆工具和颜料桶工具绘制圆作为太阳图形。

（3）制作各关键帧中的太阳形状。

（4）创建形状补间动画。

操作步骤

（1）新建一个 Flash 文档，设置文档大小为"400×400 像素"，背景颜色为"#FF9966"，按住【Shift】键的同时用椭圆工具 绘制一个如图 5-96 所示的圆。

（2）选择颜料桶工具 ，在"颜色"面板中设置类型为放射渐变色，颜色为"#FCEE72"和"#FFFDEE"，Alpha 值为 0%，如图 5-97 所示。

（3）为圆填充渐变颜色，然后删除边缘线条，如图 5-98 所示。

图 5-96　绘制圆

（4）在第 49 帧处插入关键帧，在如图 5-99 所示的"颜色"面板中设置填充色为放射状，颜色为"#FCEE72"、"#FDF39B"和"#FEFAD6"，Aphla 值为 0%，再为圆填充放射状颜色，如图 5-100 所示。

图 5-97　设置渐变色

图 5-98　填充颜色并删除圆的边缘线条

图 5-99　设置渐变色

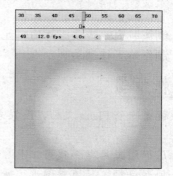

图 5-100　填充颜色

（5）分别在第 50 帧和第 100 帧处插入关键帧，设置填充颜色为放射渐变色，颜色为"#FCEE72"和"#FFFDEE"，Alpha 值为 0%，如图 5-101 所示。

（6）在第 100 帧处填充图形，如图 5-102 所示。

图 5-101　设置填充色

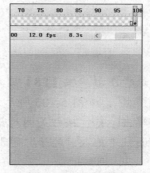

图 5-102　填充颜色

（7）分别在第 1～9 帧和第 50～100 帧处创建形状补间动画，时间轴如图 5-103 所示。

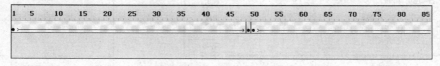

图 5-103　创建形状补间动画

（8）最后保存动画文档并测试动画效果。

实训三　制作"无敌风火轮"

实训目标

本实训的目标是练习创建补间动画的方法和运用影片剪辑元件制作嵌套动画。

实训要求

（1）建立一个 Flash 动画文档，设置文档的大小为"550×200 像素"。
（2）用椭圆工具和颜料桶工具绘制圆作为轮子图形。
（3）制作轮子图形元件。
（4）制作风火轮转动影片剪辑元件。
（5）制作轮子移动动画。

操作步骤

（1）新建一个 Flash 文档，设置文档大小为"550×200 像素"，并保存为"制作无敌风火轮.fla"。
（2）用椭圆工具◎和线条工具＼绘制一个轮子轮廓图形，如图 5-104 所示。
（3）用颜料桶工具填充图形，如图 5-105 所示。

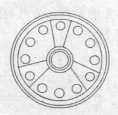

图 5-104　绘制圆图形轮廓　　　　　　图 5-105　填充图形颜色

（4）选择图形，按【F8】键，在弹出的"转换为元件"对话框中设置名称为"轮子"，类型为"图形"，如图 5-106 所示。
（5）单击 确定 按钮关闭对话框，按【Ctrl+F8】组合键新建影片剪辑元件"风火轮"，从"库"面板中拖入"轮子"图形元件，如图 5-107 所示。

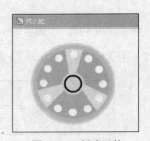

图 5-106　"转换为元件"对话框　　　　　　图 5-107　新建元件

（6）在第 10 帧处插入关键帧，并在第 1～9 帧创建补间动画。单击第 1 帧，在"属性"面板中设置"旋转"为顺时针、"缓动"为 5，如图 5-108 所示，时间帧图形如图 5-109 所示。

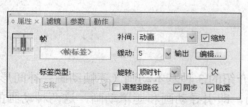

图 5-108　设置补间动画属性　　　　　　　　图 5-109　创建补间动画

（7）单击 ▣场景1 按钮返回场景，在第 1 帧处从"库"面板中拖入"风火轮"影片剪辑元件，并放置在场景左侧，如图 5-110 所示。

（8）在第 30 帧处插入关键帧，并将实例对象放置到场景右侧，然后在第 1～29 帧处创建补间动画，如图 5-111 所示。

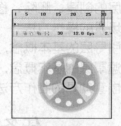

图 5-110　拖入元件实例　　　　　　　　图 5-111　创建补间动画

拓 展 练 习

1．绘制按钮，效果如图 5-112 所示。

（1）新建一个 Flash 文档。
（2）绘制圆弧图形，并添加模糊效果。
（3）新建影片剪辑元件。
（4）创建补间动画，并自定义缓动属性。
（5）直接复制并调整影片剪辑实例。

图 5-112　旋转的光影

2．制作水晶球，效果如图 5-113 所示。

（1）新建一个 Flash 文档，设置文档属性。
（2）输入数字 2 并分离文字。
（3）插入空白帧，输入数字 3 并分离文字。
（4）创建补间形状。
（5）添加提示符。

图 5-113　变化的数字

模块六　制作高级动画

模块简介

在 Flash 动画制作中，除了前面模块中介绍的 3 种基本动画（逐帧动画、补间形状动画、补间动画）外，还可以通过图层来创建动画，即引导动画和遮罩动画，这两种动画的创建是在 3 种基础动画的基础上配合图层进行创建的。另外，应用 Flash CS3 新增的滤镜功能，可以为文本、按钮和影片剪辑添加特定的滤镜效果，为创建的动画添加适当的滤镜，从而制作出效果精美的滤镜动画。

学习目标

📖　掌握层的创建、删除、移动和重命名操作
📖　了解场景的操作方法
📖　了解引导层的基本概念，并掌握利用引导层制作引导动画的方法
📖　了解遮罩层的基本概念，并掌握利用遮罩层制作遮罩动画的方法
📖　了解嵌套动画的制作方法

任务一　认识图层和场景

任务目标

本任务的目标是认识图层和场景，掌握图层的管理以及场景的操作。

任务分析

在动画制作中，图层非常重要，不同的动画实例需要放在不同的图层中，才不会使实例之间发生混乱，制作出的动画才显得有条理。当有多个动画片段时，可以将动画片段放在不同的场景中。

操作一　图层的操作

Flash 中的图层是相对独立的，在每个图层中的实例对象相当于被绑定到该图层中，实例的叠放只会跟随层的变化，这样便于实例的管理和动画制作。图层的基本操作包括图层的创建、删除、移动、重命名等。

1. 创建图层

（1）在时间轴中单击"插入图层"按钮 🗌，新建图层 2，如图 6-1 所示。

（2）选择图层1，在时间轴中单击"插入图层"按钮，新建图层3，如图 6-2 所示。

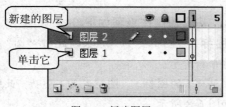

图 6-1　新建图层 2

图 6-2　新建图层 3

☎ 提示：新建图层的位置在当前图层之上。上层图层的内容会遮盖下层图层的内容。

2．删除图层

选择图层3，然后在时间轴上单击"删除图层"按钮即可将其删除，如图 6-3 所示。

3．重命名图层

在时间轴名称上双击，输入新的名称即可重命名图层，图 6-4 所示即为修改图层名称为"圆"。

图 6-3　删除图层

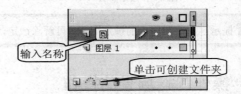

图 6-4　重命名图层

4．移动图层

由于上层图层中的内容会遮盖下层图层中的内容，根据实际需要可调整图层的排列顺序，即移动图层。移动图层的具体操作如下。

（1）将图层1重命名为"星"，在"星"图层中绘制一个五角星，在"圆"图层中绘制一个圆，如图 6-5 所示。

（2）将鼠标指针定位到"圆"图层上，并按住鼠标左键不放向下拖动到"星"图层下面时松开鼠标左键，将"圆"图层置于"星"图层下面，如图 6-6 所示。

图 6-5　绘制图形

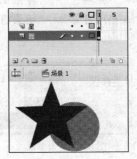

图 6-6　移动图层

5．管理图层

图层的管理操作包括锁定图层、隐藏图层等，其具体操作步骤如下。

（1）单击"圆"图层中"锁定"列 🔒 下方的图标·，图标变为 🔒 形状，此时"圆"图层中的所有实例都不能选择，即该图层被锁定，如图 6-7 所示。

（2）单击"星"图层中位于"显示\隐藏图层"列 👁 下的图标·，图标变为×形状，此时"星"图层中的所有实例都不可见，即该图层被隐藏，如图 6-8 所示。

图 6-7　锁定图层

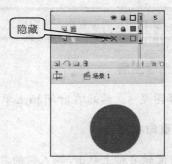

图 6-8　隐藏图层

☎提示：单击图层上的锁定图标 🔒 可解除锁定，同样单击图层上的隐藏图标×可取消图层的隐藏。

操作二　场景的操作

场景就是一段动画所处的场面和背景，一个场景可以包含多个图层和帧，当动画播放时，场景与场景之间是自动连接的，动画播放的连续性不会受到任何影响。

1．创建场景

默认情况下 Flash 动画只有一个场景，但为了减少动画的制作难度，常需要添加多个场景，创建场景的具体操作步骤如下。

（1）选择"插入"→"场景"命令，添加"场景 2"，在时间轴上单击"编辑场景"按钮 🎬，弹出场景菜单，选择"场景 2"即可进入场景 2 中，如图 6-9 所示。

（2）选择"窗口"→"其他面板"→"场景"命令，在打开的"场景"面板中单击"添加场景"按钮 +，可添加"场景 3"，如图 6-10 所示。

图 6-9　场景菜单

图 6-10　"场景"面板

2. 复制和删除场景

在 Flash CS3 中可以复制和删除场景，其具体操作步骤如下。

（1）在"场景"面板中选择"场景3"，然后单击"直接复制场景"按钮 ，复制一个场景，如图 6-11 所示。

（2）选择"场景3 副本"，单击"删除场景"按钮 ，在弹出的对话框中单击 确定 按钮可删除该图层，如图 6-12 所示。

图 6-11　场景菜单

图 6-12　"场景"面板

3. 切换与调整场景顺序

在"时间轴"面板及"场景"面板中都可以进行场景的切换，其具体操作步骤如下。

（1）在时间轴上单击"编辑场景"按钮 ，在弹出的场景菜单中选择场景名称可以切换场景，如图 6-13 所示。在"场景"面板中选择场景名称也可以切换场景，如图 6-14 所示。

（2）在"场景"面板中，选择"场景1"，按住鼠标左键不放向下拖动（此时会出现 图标）到场景2和场景3之间松开鼠标左键，即可进行场景顺序的调整，如图 6-15 所示。

图 6-13　场景菜单　　　　图 6-14　"场景"面板　　　　图 6-15　移动场景

☎ 提示：图层也可以重命名，其方法和图层的重命名相同，在"场景"面板中双击场景名称就可以对场景进行重命名操作。

知识回顾

本任务主要介绍了在 Flash CS3 中对图层和场景的一些基本操作，如图层的创建、重命名、移动、删除、锁定、隐藏等；场景的添加、复制、删除、切换等。通过对本任务的学习，可为以后使用 Flash CS3 制作复杂动画打下坚实的基础。

任务二　制作遮罩动画

任务目标

本任务的目标是学习遮罩动画的制作方法，并熟练使用遮罩技巧制作出变化莫测的遮罩动画效果。

任务分析

遮罩动画由遮罩层和被遮罩层构成，它主要通过遮罩层中实例对象形状的大小和位置来实现对被遮罩实例对象的显示范围进行控制，即遮罩层中的内容用于控制显示的范围及显示形状，被遮罩层中的内容则是用户实际看到的动画内容。

操作一　制作"望远镜"

通过遮罩效果可以模拟望远镜观察远景的效果，即望远镜看到的地方，图像会放大。制作"望远镜"的具体操作步骤如下。

（1）新建一个 Flash 文档，设置背景颜色为黑色、文档大小为"400×300 像素"，并保存为"制作望远镜.fla"。选择"文件"→"导入"→"导入到舞台"命令，导入"素材\模块六"中的位图"风景.jpg"，并在"对齐"面板中调整位图相对于舞台水平和垂直居中对齐，再单击匹配宽和高按钮，导入的位图如图 6-16 所示。

（2）将图层 1 重命名为"被遮罩"，锁定"被遮罩"图层，单击"插入图层"按钮新建图层 2，并重命名为"遮罩"，用椭圆工具绘制一个如图 6-17 所示的圆。

图 6-16　导入位图

图 6-17　绘制图形

（3）选择圆图形，按【F8】键，在打开的"转换为元件"对话框中设置名称为"镜子"、类型为"图形"，如图 6-18 所示，单击 确定 按钮将图形转换为图形元件。

（4）按【Ctrl+F8】组合键，在打开的"创建新元件"对话框中设置名称为"镜框"、类型为"影片剪辑"，如图 6-19 所示。

图 6-18　转换为元件

图 6-19　创建元件

（5）单击 确定 按钮关闭对话框，在元件窗口中绘制一个圆环，如图 6-20 所示。

（6）返回主场景，新建图层 3，并重命名为"镜框"。从"库"面板中拖曳元件"镜框"到"镜框"图层中，在"滤镜"面板中添加"发光"效果，设置模糊为 20，并调整圆环位置与"遮罩"图层的圆对齐，如图 6-21 所示。

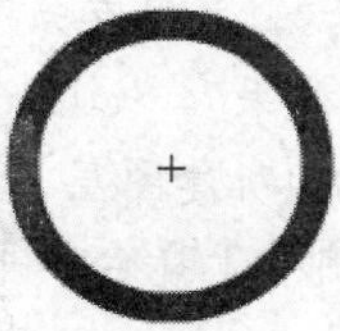

图 6-20　绘制圆环

图 6-21　添加发光效果

（7）在"遮罩"图层的第 10、20、40、50、60 帧处插入关键帧，分别调整关键帧处圆的位置，并分别在第 1～9 帧、第 10～19 帧、第 20～39 帧、第 40～49 帧、第 50～59 帧处创建补间动画。

（8）用相同的方法在"镜框"图层的第 10、20、40、50、60 帧处插入关键帧，并创建补间动画。在"被遮罩"图层的第 60 帧处插入帧，如图 6-22 所示。

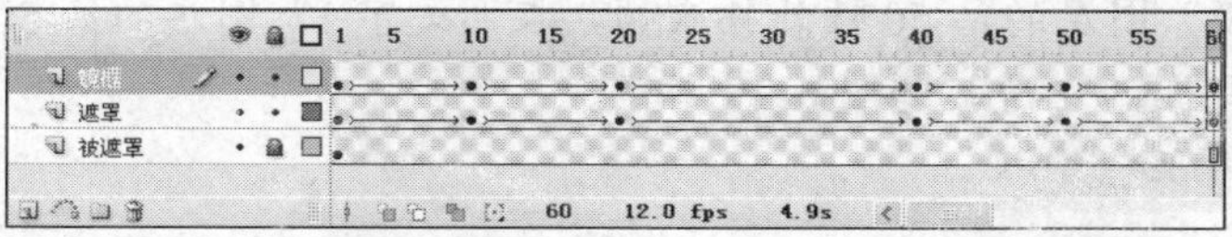

图 6-22　创建补间动画

（9）选择"遮罩"图层，单击鼠标右键，在弹出的快捷菜单中选择"遮罩层"命令，"遮罩"图层转换为遮罩层，"被遮罩"图层转换为被遮罩层，如图 6-23 所示。

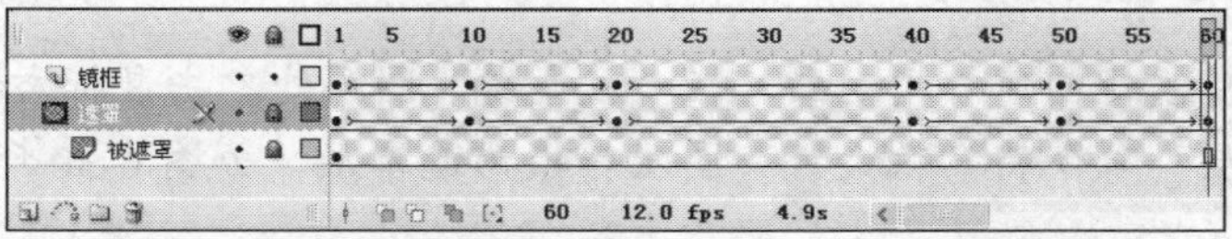

图 6-23　转换为遮罩图层

（10）此时"遮罩"和"被遮罩"图层被锁定，场景中的实例对象如图 6-24 所示，保存文件，测试动画效果如图 6-25 所示。

图 6-24　应用遮罩

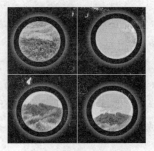

图 6-25　测试动画效果

操作二　制作"放大镜"

放大镜效果是应用了双重遮罩效果,既是放大的遮罩,又是文字的遮罩,这种遮罩方法对于要满足多重效果时比较适用。制作"放大镜"的具体操作步骤如下。

(1)新建一个 Flash 文档,设置文档大小为"500×300 像素",并保存为"制作放大镜.fla"。用文本工具 T 在场景中输入蓝色文本"Flash CS3 制作放大镜效果",如图 6-26 所示。

(2)将图层 1 重命名为"文字 1",单击"插入图层"按钮 ┘ 新建图层 2,并重命名为"放大镜",用椭圆工具 ◯ 绘制一个圆,如图 6-27 所示,并使其相对于舞台水平和垂直居中。

Flash CS3 制作放大镜效果

Fl　　　　制作放大镜效果

图 6-26　输入文字　　　　　　　　　　　　　　　图 6-27　绘制圆

(3)锁定"放大镜"图层,选择"文字 1"图层,在第 1 帧处将文本转换为图形元件,并放置到圆右边,如图 6-28 所示。

(4)在"放大镜"图层的第 50 帧处插入帧,在"文字 1"图层的第 50 帧处插入关键帧,并将文本实例放置到圆的左边,如图 6-29 所示。

Flash CS3 制作放大镜效果

Flash CS3 制作放大镜效果

图 6-28　第 1 帧位置　　　　　　　　　　　　　　图 6-29　第 50 帧位置

(5)在第 1~49 帧处创建补间动画,在"放大镜"图层处单击鼠标右键,在弹出的快捷菜单中选择"遮罩层"命令将"放大镜"图层转换为遮罩层,如图 6-30 所示。

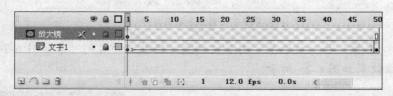

图 6-30　转换图层

(6)新建图层 3,并重命名为"文字 2",将"文字 2"图层移动到"文字 1"图层下面,在"文字 2"图层处单击鼠标右键,在弹出的快捷菜单中选择"属性"命令,在弹出的"图层属性"对话框中选择"类型"为"一般",如图 6-31 所示。

(7)将"文字 1"图层中的文本实例复制到"文字 2"图层中,在第 1 帧处将文字缩小,并放置到圆的右边,如图 6-32 所示,在第 50 帧处插入关键帧,并将文本放置到圆左边。

图 6-31 图层属性

图 6-32 缩小文本

（8）在"文字2"图层上新建图层4，并重命名为"矩形"。用矩形工具绘制一个和场景相同大小的矩形，将"放大镜"图层的圆复制到"矩形"图层的相同位置，如图6-33所示。

（9）选择圆，选择"修改"→"形状"→"扩展填充"命令，在打开的"扩展填充"对话框中设置"距离"为15，然后删除圆，如图6-34所示。

图 6-33 绘制矩形

图 6-34 删除图形

（10）在"文字2"图层的第1～49帧处创建补间动画，并将"矩形"图层转换为遮罩层，如图6-35所示。

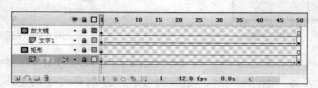

图 6-35 转换为遮罩图层

（11）此时的遮罩效果如图6-36所示。新建图层5，并将图层5移动到最低层，并在"图层属性"对话框中将被遮罩转换为一般图层，并在图层5中绘制一个如图6-37所示的放大镜图形。

图 6-36 遮罩效果

图 6-37 绘制图形

（12）此时的时间轴如图6-38所示，保存并测试动画效果。

图 6-38　时间轴图层

操作三　制作"笔画识字"

在识字教学中经常会遇到认识汉字的笔画，对于笔画顺序的演示也可以通过遮罩动画进行模拟。制作"笔画识字"的具体操作步骤如下。

（1）新建一个 Flash 文档，设置文档大小为"360×360 像素"、背景颜色为"#66FFFF"，并保存为"制作笔画识字.fla"。将图层 1 重命名为"背景"，然后绘制一个田字格图形，如图 6-39 所示。

（2）新建图层 2，并重命名为"文字"，用文本工具输入文本"天"，按【Ctrl+B】组合键打散文本，然后用墨水瓶工具填充边线为红色，如图 6-40 所示。

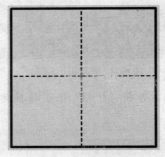

图 6-39　绘制田字格

图 6-40　绘制文本

（3）选择文本中间的填充色区域，按【Ctrl+X】组合键进行剪切，如图 6-41 所示。然后新建 4 个图层并重命名为"h1"、"h2"、"p"和"n"，分别将文字的笔画复制到 4 个图层上，然后分别在所有图层的第 100 帧处插入帧。

（4）锁定所有图层，在 h1 图层上新建图层 7，并重命名为"m1"，用刷子工具在第 1 帧处绘制图形，如图 6-42 所示。

图 6-41　复制笔画

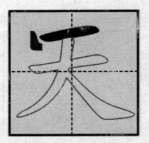

图 6-42　第 1 帧的图形

（5）在第 20 帧处插入关键帧，第 30 帧处插入空白帧，并绘制一个能遮罩笔画的图形，然后在第 20～29 帧处创建补间形状，并将图层 m1 转换为遮罩层，如图 6-43 所示。

（6）在 h2 图层上面新建图层 m2，用相同的方法在 h2 图层的第 35～45 帧处创建补间形状，并将图层 m2 设置为遮罩层，如图 6-44 所示。

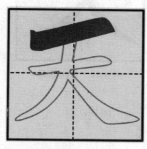

图 6-43　转换为遮罩层

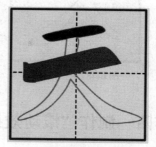

图 6-44　转换为遮罩层

（7）在 p 图层上面新建图层 m3，绘制一个能遮罩笔画的矩形，并转换为图形元件，将元件实例移动到笔画上面，在第 50 帧、第 60 帧处插入关键帧，在第 60 帧将实例移动到笔画上遮罩，然后在第 50～59 帧处创建补间动画，将 m3 图层转换为遮罩层，如图 6-45 所示。

（8）在 n 图层上面新建图层 m4，用与上一步相同的方法在第 65～75 帧处创建补间动画，然后将 m4 图层转换为遮罩层，如图 6-46 所示。

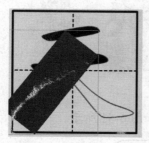

图 6-45　制作撇的遮罩层

图 6-46　制作捺的遮罩层

（9）分别在 h1～m4 图层的第 100 帧处插入帧，时间轴如图 6-47 所示。

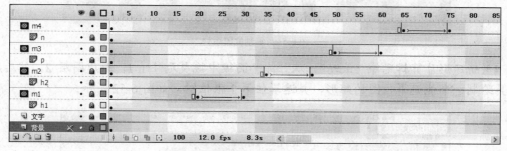

图 6-47　时间轴

（10）保存文档，测试动画效果如图 6-48 和图 6-49 所示。

📖 技巧：使用拖曳的方法可以同时选择多个图层中的帧，并按【F6】键可同时完成关键帧的创建。

图 6-48　笔画效果

图 6-49　笔画效果

操作四　制作"滚动效果"

在许多网站中都有滚动图像效果，使用遮罩技术可以创建滚动效果，其具体操作步骤如下。

（1）新建一个 Flash 文档，设置文档大小为"400×400 像素"，并保存为"制作滚动效果.fla"，选择"文件"→"导入"→"导入到库"菜单命令，从"素材\模块六\"中导入位图系列。

（2）新建影片剪辑元件 m1，从"库"面板中拖曳位图到场景中，并在"对齐"面板中对齐图片，如图 6-50 所示。

图 6-50　对齐位图

（3）将位图系列再进行复制，并进行对齐排列，如图 6-51 所示。

图 6-51　复制位图系列

（4）新建影片剪辑元件"滚动"，从"库"面板中拖曳元件 m1，新建图层 2，然后用矩形工具绘制一个能遮罩位图的矩形，并遮罩住第 1 张位图，如图 6-52 所示。

图 6-52　绘制矩形

（5）在图层 2 的第 80 帧处插入帧，在图层 1 的第 80 帧处插入关键帧，并将矩形元件实例向右移动到最后一张图片位置将其遮罩住，然后在第 1～79 帧处创建补间动画，并将图层 2 转换为遮罩层，如图 6-53 所示。

图 6-53　制作位图系列遮罩 1

（6）在"库"面板中选择元件 m1，然后单击鼠标右键，在弹出的快捷菜单中选择"直接复制"命令，在打开的"直接复制元件"对话框中设置名称为 m2，然后在"库"面板中双击元件 m2，打开元件窗口，将第 1 张图片移动到最后，然后新建影片剪辑元件"滚动 1"，并用与第（5）步相同的方法制作位图系列遮罩动画，如图 6-54 所示。

图 6-54　制作位图系列遮罩 2

（7）在"库"面板中选择元件 m2，用与第（6）步相同的方法复制元件 m3，并将元件中的第 1 张图片移动到最后，然后新建影片剪辑元件"滚动 2"，并用与第（5）步相同的方法制作位图系列遮罩动画，如图 6-55 所示。

图 6-55　制作位图系列遮罩 3

（8）在"库"面板中选择元件 m3，用与第（6）步相同的方法复制元件 m4，并将元件中的第 1 张图片移动到最后，然后新建影片剪辑元件"滚动 3"，并用于第（5）步相同的方法制作位图系列遮罩动画，如图 6-56 所示。

☎ 提示：遮罩层与被遮罩层都可以创建动画。

图 6-56　制作位图系列遮罩 4

（9）将元件 m4 复制成 m5，用以上相同的方法制作影片剪辑"滚动 4"的遮罩动画，如图 6-57 所示。

图 6-57　制作位图系列遮罩 5

（10）将元件 m5 复制成 m6，用以上相同的方法制作影片剪辑"滚动 5"的遮罩动画，如图 6-58 所示。

图 6-58　制作位图系列遮罩 6

（11）返回主场景，从"库"面板中将元件"滚动 1"至"滚动 5"拖曳到场景中，并调整大小，然后按顺序将元件实例按六边形排列，并分别选择背面的 3 个实例，在菜单中选择"修改"→"形状"→"水平翻转"命令进行水平翻转，并在"属性"面板中设置其"亮度"为−50%，然后将侧面的实例进行倾斜，如图 6-59 所示。

（12）保存文档，并按【Ctrl+Enter】组合键测试动画，效果如图 6-60 所示。

图 6-59　组合元件实例

图 6-60　测试动画效果

操作五　制作"遮罩文字"

本操作主要了解遮罩层也可以遮罩多个被遮罩层，还可以在图层属性中定义图层的遮罩和被遮罩。制作"遮罩文字"的具体操作步骤如下。

（1）新建一个 Flash 文档，设置文档大小为"400×200 像素"、背景颜色为"#333333"，并保存为"制作遮罩文字.fla"，用文本工具在场景中输入文本，如图 6-61 所示。

（2）新建图形元件"w1"，用刷子工具绘制一些七彩色块，如图 6-62 所示。

图 6-61　输入文本

图 6-62　绘制七彩色块

（3）新建图形元件"w2"，用矩形工具绘制一个如图 6-63 所示的七色矩形条。

（4）返回主场景，新建图层 2 和图层 3，将图层 2 和图层 3 移动到图层 1 下面，然后分别将元件"w1"和"w2"放置在这两个图层上，如图 6-64 所示。

图 6-63　绘制七色矩形条

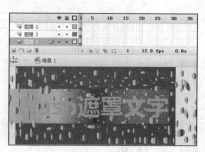

图 6-64　放置元件

（5）在图层 1 的第 30 帧处插入帧，在图层 2 和图层 3 的第 30 帧处插入关键帧，然后分别将图层 2 和图层 3 的实例向右移动，并分别在第 1～29 帧处创建补间动画，如图 6-65 所示。

（6）将图层 1 转换为遮罩层，在图层 3 上单击鼠标右键，在弹出的快捷菜单中选择"属性"命令，打开"图层属性"对话框，设置图层类型为"被遮罩"，如图 6-66 所示。

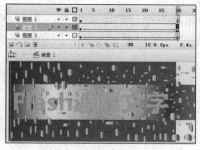

图 6-65　创建补间动画

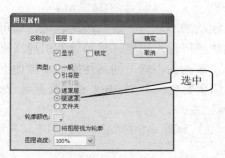

图 6-66　"图层属性"对话框

（7）单击 ☐确定☐ 按钮关闭对话框，将图层 3 转换为被遮罩层，如图 6-67 所示。

（8）保存文档，按【Ctrl+Enter】组合键测试动画效果如图 6-68 所示。

图 6-67　遮罩图层

图 6-68　测试动画效果

知识回顾

本任务主要介绍了遮罩动画的制作，遮罩动画在 Flash 中的应用非常广泛，熟练地应用遮罩可以创建许多漂亮的动画效果。

任务三　制作引导动画

任务目标

引导动画是 Flash 动画中的一种特殊动画，它可以使动画对象沿用户指定的路径运动，本任务的目标是学会引导动画的制作。

任务分析

引导动画必须具备两个条件，一是路径，二是在路径上运动的对象。一条路径上可以有多个对象运动，引导路径都是通过静态线条完成的，在播放动画时路径线条不会显示。

操作一　制作"滚动的小球"

滚动的小球有一定的滚动轨迹，即可使用引导动画来模拟小球的滚动效果，其中小球的流动轨迹可使用铅笔工具等绘制引导线来实现，小球的滚动则可以通过创建补间动画来实现。制作"滚动的小球"的具体操作步骤如下。

（1）新建一个 Flash 文档，设置场景大小为"300×300 像素"，并保存为"制作滚动的小球.fla"。

（2）如图 6-69 所示，用椭圆工具绘制一个圆，并填充成放射状渐变色，如图 6-70 所示。

（3）新建影片剪辑元件"旋转"，从"库"面板中拖曳元件"小球"到第 1 帧。

图 6-69　绘制小球　　　　　　　　图 6-70　制作元件

（4）在第 10 帧插入关键帧，然后在第 1～9 帧处创建补间动画，并在"属性"面板中设置"旋转"为顺时针，如图 6-71 所示。

（5）返回主场景，在时间轴中单击添加"运动引导层"按钮 ，新建引导层，用多边形工具绘制一个填充色为无颜色、线条颜色为红色的五角星，如图 6-72 所示。

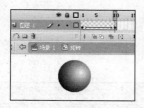

图 6-71　创建补间动画　　　　　　　　图 6-72　绘制五角星

（6）用橡皮擦工具将五角星顶部擦除一个小空隙，作为路径的起点和终点，如图 6-73 所示。

（7）锁定引导层，从"库"面板中拖曳元件"旋转"到图层 1 中，在第 1 帧处拖曳元件实例到五角星上，实例的中心点会被吸附到路径上，如图 6-74 所示。

图 6-73　擦除小空隙　　　　　　　　图 6-74　拖曳元件实例

提示：引导线必须是非封闭的，且引导线不能交叉。

（8）将中心点放置到起点位置，松开鼠标左键，如图 6-75 所示。

（9）在图层 1 的第 70 帧处插入关键帧，在引导层的第 70 帧处插入帧，在图层 1 的第 70 帧处将元件实例移动到终点位置，如图 6-76 所示，在第 1～69 帧处创建补间动画。

图 6-75　移动到起点　　　　　　　　图 6-76　移动到终点

（10）在图层 1 上新建图层 3，并将五角星复制到图层 3 的相同位置，如图 6-77 所示。

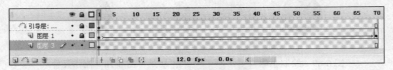

图 6-77　创建图层 3

（11）在图层 3 上单击鼠标右键，在弹出的快捷菜单中选择"属性"命令，在弹出的"图层属性"对话框中选择"类型"为"一般"，如图 6-78 所示。

（12）单击 确定 按钮，将图层 3 转换为一般图层，如图 6-79 所示。

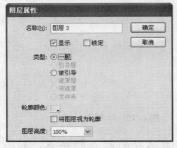

图 6-78　"图层属性"对话框

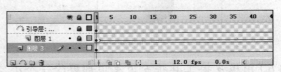

图 6-79　转换图层

（13）保存文档，按【Ctrl+Enter】组合键测试影片，效果如图 6-80 所示。

操作二　制作"螺旋运动"

螺旋运动也是有一定轨迹的运动，因此也可以使用引导线动画实现。制作"螺旋运动"的具体操作步骤如下。

（1）新建一个 Flash 文档，设置场景大小为"400×200 像素"，背景色为黑色，并保存为"制作螺旋运动.fla"。

图 6-80　测试效果

（2）用铅笔工具绘制一个螺旋线条作为运动路径，如图 6-81 所示。

（3）新建影片剪辑元件"三角形"，并绘制一个三棱锥图形，如图 6-82 所示。

图 6-81　绘制运动路径

图 6-82　创建元件

（4）新建图层 2，从"库"面板中拖曳元件到图层 2 中，然后在图层 1 上单击鼠标右键，在弹出的快捷菜单中选择"属性"命令，在打开的"图层属性"对话框中选择"引导层"类型，如图 6-83 所示。

（5）单击 ▭确定▭ 按钮关闭对话框，将图层 1 转换为引导层，如图 6-84 所示。

图 6-83　"图层属性"对话框 　　　　　　　　　　　图 6-84　将图层 1 转换为引导层

（6）将图层 2 移动到引导层下面，将图层 2 转换为被引导层。锁定引导层，在图层 2 的第 1 帧处将元件实例移动到路径线条上作为起点，并调整角度，如图 6-85 所示。

（7）在引导层的第 60 帧处插入键，在图层 1 的第 60 帧处插入关键帧，然后将元件移动到路径的右边作为终点，并调整角度，如图 6-86 所示。

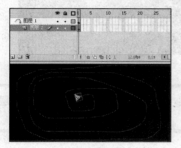

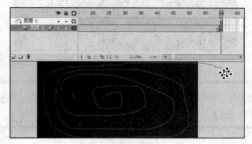

图 6-85　路径起点 　　　　　　　　　　　　　　图 6-86　路径终点

（8）在第 1～59 帧处创建补间动画，如图 6-87 所示。

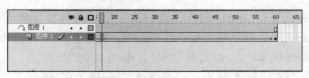

图 6-87　创建补间动画

（9）复制图层 2 的第 1～60 帧，在图层 2 上新建图层 3，并在第 3～62 帧处粘贴帧，再将图层 3 拖曳到引导层的下方，并将第 3 帧及第 62 帧中的三角形实例的亮度设置为 20%，如图 6-88 所示。

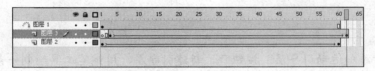

图 6-88　复制并粘贴帧

（10）在图层 3 上新建图层 4，并在第 5～64 帧处粘贴帧，再将图层 4 拖曳到引导层下方，并将第 5 帧及第 64 帧中的三角形实例的亮度设置为 40%，如图 6-89 所示。

图 6-89　复制帧

（11）选中图层 1 中的第 64 帧，按【F5】键插入键，如图 6-90 所示。

图 6-90　插入帧

（12）保存文档，按【Ctrl+Enter】组合键预览动画效果如图 6-91 所示。

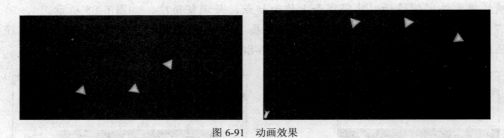

图 6-91　动画效果

☎提示：如果想看到运动的轨迹，可新建一图层，并放置在最底层，再复制引导层中的第 1 帧到该层的第 1 帧进行粘贴，就可以得到与引导层一样的引导线了。

操作三　制作"曲线文字"

文本也可以沿引导线进行运动。制作"曲线文字"的具体操作步骤如下。

（1）新建一个 Flash 文档，设置场景大小为"600×300 像素"，并保存为"制作曲线文字.fla"。

（2）用文本工具输入文本"曲线文字运动"，如图 6-92 所示。

（3）选择文本，按【Ctrl+B】组合键分离文本，如图 6-93 所示。

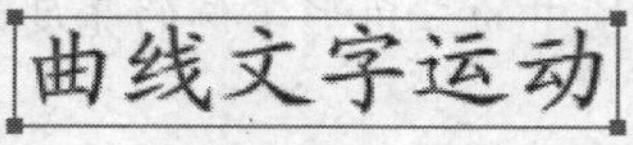

曲线文字运动　　　　　　曲线文字运动

　　　　图 6-92　输入文本 　　　　　　　　　　　图 6-93　分离文本

（4）单击"添加运动引导层"按钮，新建引导层，用钢笔工具绘制一条曲线路径，如图 6-94 所示。

（5）单击图层 1 的第 1 帧，选择"修改"→"时间轴"→"分散到图层"命令，将分离的文字分散到单独的图层上，如图 6-95 所示。

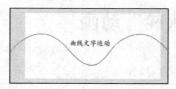

图 6-94　绘制曲线路径

图 6-95　分散到图层

（6）按住【Shift】键的同时，分别单击"曲"图层的第 40 帧和"动"图层的第 40 帧，如图 6-96 所示。

（7）按【F6】键在选择的图层中插入关键帧，在引导层的第 40 帧处插入帧，如图 6-97 所示。

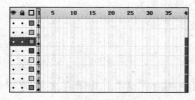

图 6-96　选择帧

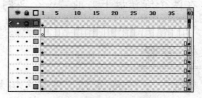

图 6-97　插入帧

（8）在第 1 帧处分别将文本按顺序放置到右边的曲线上，如图 6-98 所示。

（9）在第 10 帧处分别将文字按顺序放置到左边的曲线上，如图 6-99 所示。

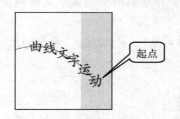

图 6-98　放置到起点

图 6-99　放置到终点

（10）分别在各个文本图层的第 1～39 帧处创建补间动画，如图 6-100 所示。

（11）保存文档，按【Ctrl+Enter】组合键预览动画效果如图 6-101 所示。

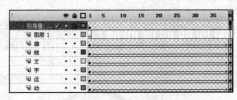

图 6-100　创建补间动画

图 6-101　动画效果

知识回顾

本任务通过几个实例的学习，可以看出引导动画需要引导路径和动画来共同完成，引导路径必须是矢量对象，且为非封闭线条，同时为了运行更平滑，最好在绘制引导线时应尽量平滑，不要有夹角很小的折线出现。

实训一　制作"风火轮"动画

实训目标

本实训的目标是练习制作嵌套动画。

实训要求

（1）呈放射状的旋转盘按逆时针方向旋转。
（2）十字结构相接的环呈顺时方向旋转。
（3）在两个旋转盘下方放置一个灰白渐变的实心圆作为背景。
（4）在场景中应用 Alpha 来设置旋转盘的倒影效果。

操作步骤

（1）新建一个 Flash 文档，设置文档大小为"300×300 像素"，并保存文档为"制作风火轮.fla"。

（2）用椭圆工具 绘制一个内径为 60 的圆环，并删除内径线条。然后选择"修改"→"合并对象"→"联合"命令联合图形，并调整其相对于舞台水平和垂直居中对齐，如图 6-102 所示。

（3）用基本矩形工具 绘制两个大小相同的矩形，并分别调整成成交叉排列，如图 6-103 所示。

（4）选择全部图形，然后选择"修改"→"合并对象"→"打孔"命令两次，将圆环打孔，如图 6-104 所示。

图 6-102　绘制圆环

图 6-103　绘制矩形

图 6-104　打孔图形

（5）选择圆环图形，在"颜色"面板中设置填充颜色为放射状渐变色，并从左到右设置指针颜色分别为"#FFFFFF"、"#666666"、"#FFFFFF"和"#666666"，如图 6-105 所示。填充后的效果如图 6-106 所示。

图 6-105　设置颜色

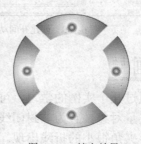
图 6-106　填充效果

（6）用基本椭圆工具 ◎ 绘制一个内径为 60 的圆环，并调整其相对于舞台水平和垂直居中对齐。用基本矩形工具 ▢ 绘制两个矩形，并使其交叉，如图 6-107 所示。

（7）选择矩形和内环图形，然后选择"修改"→"合并对象"→"打孔"命令两次，将圆环打孔，如图 6-108 所示。

图 6-107 绘制内环

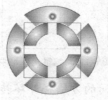
图 6-108 打孔

（8）选择线条工具 ＼，设置笔触高度为 12，笔触样式为虚线，笔触颜色为放射状渐变色，如图 6-109 所示，然后绘制交叉的两条线条，并调整其相对于舞台水平和垂直居中对齐，如图 6-110 所示。

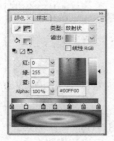
图 6-109 设置颜色

图 6-110 绘制彩色线条

（9）使用基本椭圆工具 ◎ 绘制一个圆，并填充线性渐变色，如图 6-111 所示。

（10）选择圆，将其调整为相对于舞台水平和垂直居中对齐，并使圆位于最底层，如图 6-112 所示。

图 6-111 绘制圆

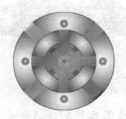
图 6-112 组合图形

（11）选择彩色线条，并将其转换为影片剪辑元件"光彩"，打开"光彩"元件编辑窗口，在第 10 帧处插入关键帧，并在第 1～9 帧处创建补间动画，在帧"属性"面板中设置旋转为顺时针，如图 6-113 所示。

（12）选择内环图形，并将其转换为影片剪辑元件"内环"，打开"内环"元件编辑窗口，在第 10 帧处插入关键帧，并在第 1～9 帧处创建补间动画，在帧"属性"面板中设置旋转为递时针，如图 6-114 所示。

图 6-113　编辑光环元件

图 6-114　编辑内环元件

（13）用相同的方法将外环转换为影片剪辑元件"外环"，并编辑其补间动画，设置旋转为顺时针，如图 6-115 所示。

（14）用相同的方法将外环转换为影片剪辑元件"地盘"，并编辑其补间动画，设置旋转为递时针，如图 6-116 所示。

图 6-115　编辑外环元件

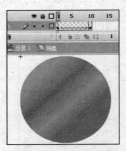

图 6-116　编辑地盘元件

（15）返回主场景，选择全部对象，按【F8】键转换为影片剪辑元件"风火轮"，然后用任意变形工具将其压扁，如图 6-117 所示。

（16）选择元件实例，并复制一个，使其位于原元件实例的上方，然后设置原元件实例的亮度为 50%，效果如图 6-118 所示。

图 6-117　压扁实例

图 6-118　复制实例

（17）最后保存并测试动画效果。

实训二　制作"飘落的树叶"

实训目标

本实训的目标是练习创建引导动画和嵌套动画的操作方法。

实训要求

（1）建立一个 Flash 文档，并导入位图。
（2）新建影片剪辑元件，并创建引导动画。
（3）设置帧缓动效果。
（4）加载多个元件实例到场景。

操作步骤

（1）新建一个 Flash 文档，设置文档大小为"500×400 像素"，并保存为"制作飘落的树叶.fla"。从"素材\模块六\"中导入位图"fy.jpg"到舞台中，选择导入的位图，然后在"对齐"面板中设置位图对于舞台匹配宽和高，水平和垂直对齐，如图 6-119 所示。

（2）新建影片剪辑元件，并绘制一个枫叶图形，如图 6-120 所示。

图 6-119　导入文图

图 6-120　绘制枫叶

（3）选择图形，按【F8】键将图形转换为图形元件"叶子"，并调整叶子元件大小，锁定图层 1，新建引导图层，并用铅笔工具绘制一条曲线作为引导路径，如图 6-121 所示。

（4）锁定引导图层，解锁图层 1，在第 1 帧处将叶子移动到引导线上作为起始位置，如图 6-122 所示。

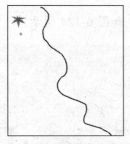

图 6-121　绘制引导线

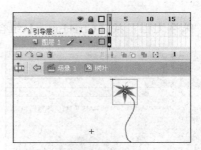

图 6-122　起始点

（5）在引导层的第 40 帧处插入帧，在图层 1 的第 20 帧处插入关键帧，然后将叶子实例移动到引导线的中间位置，如图 6-123 所示。

（6）在第 1～19 帧处创建补间动画，单击第 1 帧，并打开"自定义缓入/缓出"对话框，设置缓动如图 6-124 所示。

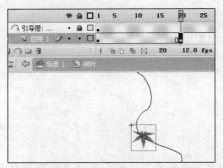

图 6-123 移动枫叶

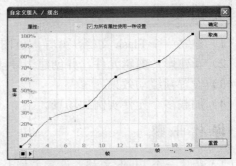

图 6-124 设置缓动

（7）在图层 1 的第 40 帧处插入关键帧，并将叶子实例移动到引导线的终点位置，并设置叶子实例的 Aphla 值为 20%，效果如图 6-125 所示。

（8）在第 20～39 帧处创建补间动画，并设置缓动如图 6-126 所示。

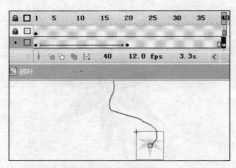

图 6-125 设置填充色

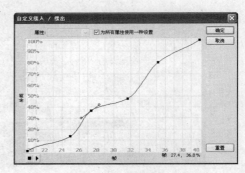

图 6-126 设置缓动

（9）返回主场景，新建 5 个图层。从"库"面板中拖曳两个"枫叶"元件到图层 2 的第 1 帧上；在图层 3 的第 5 帧处插入关键帧，从"库"面板中拖曳一个"枫叶"元件到第 5 帧上；用相同的方法分别在图层 4、5、6 的第 8、11、18 帧处插入关键帧，然后从"库"面板中拖曳 1～2 个"枫叶"元件到图层的关键帧上，并在所有图层的第 60 帧处插入帧，如图 6-127 所示。

（10）保存文档，按【Ctrl+Enter】组合键预览动画效果，如图 6-128 所示。

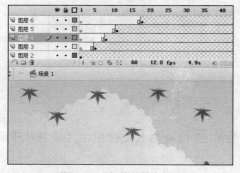

图 6-127 加载元件实例

图 6-128 动画效果

实训三 制作"画轴展开"

实训目标

本实训的目标是练习创建遮罩动画制作方法。

实训要求

（1）建立一个 Flash 文档，设置文档的大小为"600×300 像素"。
（2）制作遮罩矩形元件和画轴元件，导入位图。
（3）制作遮罩画图的动画。
（4）制作画轴补间动画。

操作步骤

（1）新建一个 Flash 文档，设置背景颜色为"黑色"，文档大小为"600 × 300 像素"，并保存为"制作画轴展开.fla"。
（2）新建图形元件"矩形"，用矩形工具绘制一个"550 × 300 像素"的矩形，如图 6-129 所示。
（3）新建图形元件"布"，从"库"面板中拖入元件"矩形"到图层1。新建图层2，然后从"素材\模块六\"中导入位图"画.jpg"到图层2中，并调整位图大小和位置，如图 6-130 所示。

图 6-129 绘制矩形

图 6-130 导入位图

（4）新建图形元件"轴"，并绘制一个如图 6-131 所示的图形。
（5）返回主场景，将元件"布"拖入图层1中，并相对于舞台水平和垂直居中对齐。新建图层2，并拖入元件"矩形"到图层2，调整其宽度和高度相对于舞台居中，如图 6-132 所示。

图 6-131 绘制画轴

图 6-132 制作第1帧

（6）在图层 1 的第 30 帧处插入帧，在图层 2 的 30 帧处插入关键帧，并将"矩形"实例的宽度设置为 550，如图 6-133 所示。

（7）在图层 2 的第 1～30 帧处创建补间动画，然后将图层 2 转换为遮罩层，如图 6-134 所示。

图 6-133　制作第 30 帧

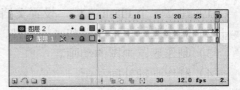

图 6-134　将图层 2 转换为遮罩层

（8）在图层 2 上新建图层 3 和图层 4，分别从"库"面板中拖入"轴"元件到图层 3 和图层 4 中，并放置到中间位置，如图 6-135 所示。

（9）分别在图层 3 和图层 4 的 30 帧处插入关键帧，然后分别将轴实例放置到画的左、右边缘上，如图 6-136 所示。

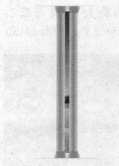

图 6-135　拖入元件实例

图 6-136　创建补间动画

（10）分别在图层 3 和图层 4 的第 1～30 帧处创建补间动画，然后分别在图层 1～4 的第 100 帧处插入帧，如图 6-137 所示。

（11）保存文档，按【Ctrl+Enter】组合键测试动画效果如图 6-138 所示。

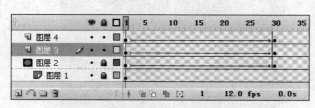

图 6-137　创建补间动画

图 6-138　动画效果

拓 展 练 习

1. 制作"光芒四射"动画，效果如图 6-139 所示。

（1）新建一个 Flash 文档，设置文档属性。
（2）制作五角星元件。
（3）制作两个形状不同的放射线元件。
（4）制作两个形状图同的螺旋线元件。
（5）制作遮罩动画。

2. 制作"萤火虫飞舞"动画，效果如图 6-140 所示。

（1）新建一个 Flash 文档，设置文档属性，导入位图。
（2）制作萤火虫变化补间形状影片剪辑元件。
（3）制作萤火虫飞舞引导动画影片剪辑元件。
（4）拖入多个飞舞实例到场景中放置到场景下面。

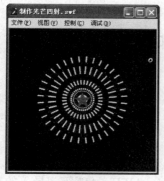

图 6-139　光芒四射

图 6-140　萤火虫飞舞

模块七　制作有声动画

模块简介

通过前面的学习，我们已经掌握了 Flash 动画制作的基本方法，能制作出优美的动画了，而在动画里加入声音或视频，能使动画更加生动。在模块四的素材应用中，已经介绍了声音和视频的导入方法，对于一般的用户来说，只需要导入合适的声音和视频素材即可，如果想在应用中对这些素材进行适当地编辑，就应该掌握音频的设置和压缩方法，以及对实例组件的设置方法。

学习目标

📖　掌握声音的加载方法
📖　掌握音频的属性和编辑方法
📖　掌握用组件加载视频的方法
📖　掌握视频组件的属性和设置方法

任务一　为动画添加声音

任务目标

本任务的目标是学习在动画中添加声音文件。

任务分析

Flash CS3 支持多种声音格式，常见的有 MP3、WAV、AIFF、AU 等，导入的声音将和影片一起保存在文件中，成为动画文件的一部分。

1. 音频

音频要使用大量的磁盘空间和内存，在实际的制作过程中，要根据作品的具体需要，有选择地引用 8bit 或 16bit 的 11kHz、22kHz 或 44kHz 的音频数据。

- 采样率：指通过波形采样的方法记录 1s 长度的声音，需要多少个数据。
- 压缩率：通常指声音文件压缩前和压缩后大小的比值，用来简单描述数字声音的压缩率。
- 比特率：表示记录音频数据每秒钟所需要的平均比特值，单位为 kbit/s。
- 量化级：指描述声音波形的数据是多少位的二进制数据，通常以 bit 为单位，如 16bit、24bit。

2. 效果

设置声音产生的效果，包括声道、淡出、淡入和自定义几种效果。

3. 同步

设置声音在播放过程中的播放方式。

- 事件：默认选项，此项的控制播放方式是当动画运行到引入声音的帧时，声音将被打开，并且不受时间轴的限制而继续播放，直到播放完毕或是按照设定的循环播放次数反复播放。
- 开始：常用于声音开始位置。当动画播放到该声音引入帧时，声音开始播放，但在播放过程中如果再次遇到引入同一声音的帧时，将继续播放该声音，而不播放再次引用的声音，"事件"项却可以两个声音同时播放。
- 停止：用于结束声音播放。
- 数据流：可以根据动画播放的周期控制声音的播放。

操作一　制作有声按钮

可以从"库"面板中直接拖曳声音元件到时间轴中以实现为按钮添加声音的操作。制作有声按钮的具体操作步骤如下。

（1）新建一个 Flash 文档，并保存为"制作有声按钮.fla"。选择"文件"→"导入"→"导入到库"命令，导入"素材\模块七\"中的声音文件"wa3.mp3"，按【Ctrl+F8】组合键，在打开的"创建新元件"对话框"名称"文本框中输入"按钮"，在"类型"栏中点选"按钮"单选按钮，如图 7-1 所示。

（2）单击 确定 按钮打开按钮编辑窗口，用椭圆工具、钢笔工具和颜料桶工具绘制"弹起"帧处的图形，如图 7-2 所示。

图 7-1　创建新元件

图 7-2　绘制图形

（3）在"指针经过"帧处插入关键帧，用任意变形工具 ▦ 选择图形，并旋转一定的角度，如图 7-3 所示。

（4）在"按下"帧处插入关键帧，选择图形，并设置填充颜色为"#00CCFF"到"#0000FF"的渐变色，效果如图 7-4 所示。

图 7-3　旋转图形

图 7-4　填充图形

（5）在"点击"帧处插入关键帧，并填充图形的颜色为"#0066FF"，如图 7-5 所示。

（6）新建图层 2，用椭圆工具绘制一个圆，并填充颜色为"#0066FF"、Alpha 值为 80%，如图 7-6 所示。

图 7-5　填充颜色

图 7-6　绘制透明圆

（7）在"指针经过"帧处插入关键帧，并调整圆的位置，如图 7-7 所示。在"点击"帧处插入空白关键帧。

（8）新建图层 3，在"指针经过"帧处插入关键帧。打开"库"面板，选择声音元件"wa2.mp3"，按住鼠标左键不放将其拖曳到场景中，如图 7-8 所示，然后松开鼠标左键。

图 7-7　填充颜色

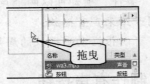

图 7-8　拖曳声音元件

（9）此时引用声音的时间帧如图 7-9 所示。

（10）返回主场景，将按钮元件拖曳到场景中，然后按【Ctrl+Enter】组合键测试动画，效果如图 7-10 所示。将鼠标指针移动到按钮上时即会播放声音。

图 7-9　引用声音

图 7-10　测试动画效果

操作二　制作"贺新春"动画

在影片中引用声音，可以渲染动画效果，让动画更加生动。本操作将在"贺新春"动画中引用声音，并编辑声音效果。制作"贺新春"动画的具体操作步骤如下。

（1）新建一个 Flash 文档，设置文档大小为"600×350 像素"，并保存为"制作贺新春动画.fla"。选择"文件"→"导入"→"导入到库"命令，导入"\素材\模块七\"中的图片和声音素材，如图 7-11 所示。

（2）新建两个图层，从"库"面板中拖曳位图"1.jpg"、"2.jpg"到图层 2 和图层 3 中，分别将位图转换为图形元件 menl、menr，如图 7-12 所示。

图 7-11　导入素材

图 7-12　制作门元件

（3）分别在图层 2 和图层 3 的第 20 帧、第 40 帧处插入关键帧，在第 40 帧处分别移动元件实例到舞台左右两边，并分别在第 20 帧处创建补间动画，效果如图 7-13 所示。

图 7-13　创建补间动画

（4）在图层 1 上新建图层 4，从"库"面板中将位图"1.png"放置到图层 2 中，将位图转换为图形元件"同心结"，并相对于舞台居中对齐，如图 7-14 所示。

（5）在第 25 帧、第 45 帧处插入关键帧，在第 45 帧处将元件实例向上移动出舞台，在第 25 帧处创建补间动画，如图 7-15 所示。

图 7-14　放置同心结　　　　　　　　　　　　图 7-15　创建补间动画

（6）锁定图层 2 至图层 4，从"库"面板中将位图"3.jpg"放置到图层 1 中，并转换为图形元件"背景"，并调整其相对于舞台垂直居中对齐和左对齐，在第 20 帧、第 100 帧处插入关键帧，在第 100 帧处调整元件右对齐，并在第 20 帧处创建补间动画，效果如图 7-16 所示。

图 7-16　制作背景补间动画

（7）新建影片剪辑元件"元宝"，拖入位图"1.png"到图层 1 中，并转换为图形元件。新建引导图层，用钢笔工具绘制引导线图形，在第 1 帧处将元件实例移动到引导路径的起点上，如图 7-17 所示。

（8）在引导图层的第 20 帧处插入帧，在图层 1 第 20 帧处插入关键帧，并将元件实例拖曳到终点上，并在图层 1 的第 1 帧处创建补间动画，如图 7-18 所示。

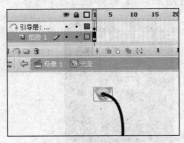

图 7-17　制作引导动画

图 7-18　创建补间动画

（9）返回主场景，在图层 1 上新建图层 5，拖放多个元件"元宝"放置到图层 5 上，如图 7-19 所示。

图 7-19　放置元宝实例

（10）在图层 3 上新建图层 6，在第 20 帧处插入关键帧，选择第 20 帧，在"属性"面板中的"声音"下拉列表中选择"贺新春.mp3"，如图 7-20 所示。

（11）单击 编辑… 按钮，在打开的"编辑封套"对话框中拖曳滑块剪切多余的声音片段，如图 7-21 所示。

图 7-20　音频属性

图 7-21　裁剪声音

（12）单击 确定 按钮关闭对话框，如图 7-22 所示，保存并测试动画效果。

图 7-22　时间轴效果

操作三　制作"火车出站"动画

火车在出站时声音一般是由小到大，有淡入的效果，本实例将应用编辑封套来实现这一效果。制作"火车出站"动画的具体操作步骤如下。

（1）新建一个 Flash 文档，并保存为"制作火车出站.fla"。新建图形元件"站台"，用线条工具和颜料桶工具绘制一个平台图形，如图 7-23 所示。

（2）绘制柱头图形并填充颜色，如图 7-24 所示。

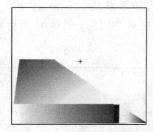

图 7-23　绘制平台

图 7-24　绘制柱头

（3）用绘图工具绘制站台标志图形，如图 7-25 所示。

（4）用刷子工具绘制出花盆图形，如图 7-26 所示。

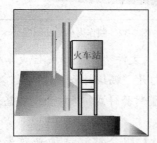

图 7-25　绘制站台标志

图 7-26　绘制花盆

（5）新建图形元件"铁轨"，用刷子工具绘制铁轨图形，如图 7-27 所示。

（6）新建影片剪辑元件"联动"，绘制一个链条图形，在第 3 帧处插入关键帧，将图形水平翻转，如图 7-28 所示。

图 7-27　绘制铁轨

图 7-28　制作联动元件

（7）新建图形元件"火车"，用绘图工具绘制一个火车图形，如图 7-29 所示。

（8）新建影片剪辑元件"运动"，将"火车"元件放置到图层 1 中。新建图层 2，将多个"运动"元件放置到图层 2 中的火车轮子位置，如图 7-30 所示。

图 7-29　绘制火车图形

图 7-30　制作并放置火车轮子

（9）返回主场景，将站台和铁路元件放置到图层 1 中，并调整到合适的位置，如图 7-31 所示，在第 70 帧处插入帧。

（10）新建图层 2，将"运动"元件放置到图层 2 中的场景左边，在第 20 帧、第 70 帧处插入关键帧，在第 70 帧处将火车实例移动到场景右边，在第 20 帧处创建补间动画，并自定义缓动效果，如图 7-32 所示。

图 7-31　放置站台实例

图 7-32　制作火车运动图层

（11）选择"文件"→"导入"→"导入到库"命令，导入文件"素材\模块七\火车鸣笛.mp3"，在第 1 帧处拖入声音。在"属性"面板中单击 编辑... 按钮，打开"编辑封套"对话框，将鼠标指针移动到封套线上单击，添加几个封套手柄，拖动封套手柄调整封套样式，将封套线调整为如图 7-33 所示的效果。

（12）单击 确定 按钮关闭对话框，按【Ctrl+Enter】组合键测试动画效果如图 7-34 所示。

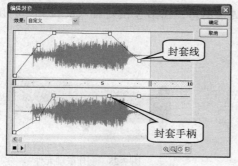

图 7-33　编辑声音效果

图 7-34　测试动画效果

技巧：在"编辑封套"对话框中单击"缩小"按钮 可以缩小波形图，单击"放大"按钮 可以放大波形图，单击"播放声音"按钮 可以播放声音。

操作四 制作"声音切换"效果

在制作应用了声音的 Flash 动画中，当使用多个声音时，常常需要在播放到下一个声音时，停止上一个声音，本实例将实现这一效果。制作"声音切换"效果的具体操作步骤如下。

（1）打开"素材\模块七\火车出站.fla"文档，如图 7-35 所示，并另存为"制作声音切换.fla"。

（2）在菜单栏中选择"文件"→"导入"→"导入到库"命令，导入"素材\模块七\"中的图片和声音文件，如图 7-36 所示。

图 7-35 打开文档

图 7-36 导入素材

（3）新建影片剪辑元件"水波"，用刷子工具绘制一个水滴图形，并转换为图形元件，如图 7-37 所示。

（4）在第 10 帧处插入关键帧，将水滴图形向下移动到合适位置，在第 1 帧处创建补间动画，并设置缓动为-60。在第 12 帧处插入关键帧，将水滴元件实例的 Alpha 值设置为 10%，如图 7-38 所示。

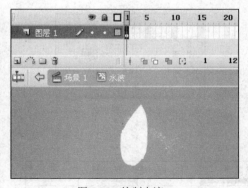

图 7-37 绘制水滴

图 7-38 制作动画

（5）锁定图层 1，新建图层 2，在第 11 帧处插入关键帧，用椭圆工具绘制一个圆环，如图 7-39 所示。

（6）在第 40 帧处插入关键帧，将圆环放大到合适位置，在第 11 帧处创建补间形状动画，如图 7-40 所示。

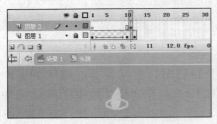

图 7-39　绘制圆环

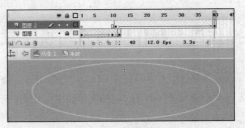

图 7-40　制作补间形状动画

（7）返回主场景，在图层 1 的第 52 帧处插入空白帧，从"库"面板中拖曳位图"钟乳石.png"放置到图层 1 的第 52 帧处，在第 100 帧处插入帧，如图 7-41 所示。

（8）在图层 2 的第 52 帧处插入空白帧，从"库"面板中拖曳元件"水波"放置到图层 2 的第 52 帧处，在第 100 帧处插入帧，如图 7-42 所示。

图 7-41　放置"钟乳石"图形

图 7-42　放置"水波"元件

（9）新建图层 3，选择第 1 帧，在"属性"面板中的"声音"下拉列表中选择声音文件"火车鸣笛.mp3"，在"同步"下拉列表中选择"数据流"，如图 7-43 所示。

（10）在第 52 帧处插入关键帧，在"属性"面板中的"声音"下拉列表中选择声音文件"滴水声.mp3"，如图 7-44 所示。

图 7-43　选择声音

图 7-44　选择声音

（11）完成后的时间轴效果如图 7-45 所示。

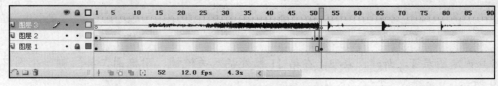

图 7-45　时间轴效果

（12）单击 确定 按钮关闭对话框，按【Ctrl+Enter】组合键测试动画，可以看出在动画场景切换过程中声音会和场景的切换同步。

知识回顾

本任务主要介绍了如何在动画中引用声音文件，并根据动画效果对声音属性进行编辑。另外，对于音频的其他属性，如音量、声道、播放等，还可以通过 ActionScript 脚本进行控制，这部分知识将在模块八中进行介绍。

任务二　为动画添加视频

任务目标

本任务的目标是使用 Flash CS3 中的组件加载视频文件，并对组件进行编辑等操作。

任务分析

前面的模块中已经介绍了从菜单命令中导入视频文件的方法，其实，在 Flash CS3 中还提供了 FLVPlayback 组件，可以通过该组件加载外部的.flv 视频文件。

操作一　制作"身边的空气"动画

现在网络上许多在线视频都采用了.flv 格式的视频文件，本实例将通过视频组件加载外部.flv 格式的视频文件。制作"身边的空气"动画的具体操作步骤如下。

（1）新建一个 Flash 文档，设置场景大小为"400×300 像素"，并保存为"制作身边的空气.fla"。

（2）选择"窗口"→"组件"命令打开"组件"面板，在该面板中展开 Video 组件，如图 7-46 所示。

（3）在 Video 选项中选择 FLVPlayback 组件，并将其拖曳到场景中，在"对齐"面板中设置组件相对于舞台匹配大小和居中对齐，如图 7-47 所示。

图 7-46　"组件"面板

图 7-47　视频组件

（4）选择组件，打开"参数"面板，可以查看视频组件的相关参数，如图 7-48 所示。

图 7-48　视频组件参数面板

（5）将视频文件"素材\模块七\video.flv"复制到与 Flash 文档同目录的文件夹下，在"参数"面板中的 source 选项中单击◯按钮，打开"内容路径"对话框，单击按钮选择视频文件"video.flv"，并取消选择"匹配源 FLV 尺寸"复选框，如图 7-49 所示。

（6）单击 确定 按钮关闭对话框，按【Ctrl+Enter】组合键预览动画效果，如图 7-50 所示。

图 7-49　选择文件路径

图 7-50　预览动画效果

说明：本实例中运用视频组件，会在 Flash 文档所在的目录中自动生成一个组件文件 SkinOver PlaySeekMute.swf。

操作二　制作"自定义视频组件动画"

在 Flash CS3 中可以通过"参数"和"组件"自定义视频组件。制作"自定义视频组件动画"的具体操作步骤如下。

（1）新建一个 Flash 文档，设置场景大小为"400×300 像素"，并保存为"制作自定义视频组件动画.fla"。将视频文件"素材\模块七\洪水.flv"复制到与 Flash 文档相同的目录下，如图 7-51 所示。

（2）从"组件"面板中拖入一个 FLVPlayback 组件，在路径中选择"洪水.flv"，如图 7-52 所示。

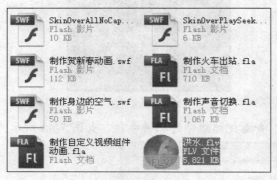

图 7-51　复制文件

图 7-52　加载视频组件

（3）选择视频组件，在"参数"面板中的 skin 选项中单击 按钮打开"选择外观"对话框，在"外观"下拉列表中选择"SkinOverAllNoCaption.swf"，在"颜色"栏中选择颜色为"#66CC99"，如图 7-53所示。

（4）单击 确定 按钮关闭对话框，在"skinAutoHide"选项中选择"true"，如图 7-54 所示。

图 7-53　"选择外观"对话框

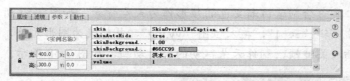

图 7-54　设置参数

（5）按【Ctrl+Enter】组合键预览动画效果，将播放工具栏隐藏后的效果如图 7-55 所示。将鼠标指针移动到视频下方可以显示播放工具栏，单击"全屏"按钮可以将视频全屏显示，如图 7-56 所示。

图 7-55　隐藏播放工具栏

图 7-56　显示工具栏

知识回顾

本任务主要介绍了在 Flash CS3 中应用视频组件加载外部视频文件的方法，并通过修改参数来自定义组件的外观及功能。

实训一　制作"翱翔的飞机"

实训目标

本实训的目标是练习制作与编辑声音动画。

实训要求

（1）新建一个 Flash 文档，导入素材文件。
（2）绘制背景图形。

（3）制作白云运动元件。

（4）制作飞机引导动画。

（5）编辑音频属性。

操作步骤

（1）新建一个 Flash 文档，并保存为"制作翱翔的飞机.fla"，选择"文件"→"导入"→"导入到库"菜单命令，导入"素材\模块七\"中的图片和音频文件。

（2）用矩形工具 绘制蓝白渐变色的矩形作为天空背景，如图 7-57 所示。

（3）新建影片剪辑"云 1"，拖入位图"yy.jpg"，并转换为图形元件，然后分别在第 80 帧、第 220 帧处插入关键帧，制作云朵飘动的补间动画，如图 7-58 所示。

图 7-57　绘制背景

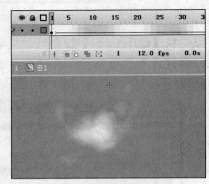

图 7-58　制作云朵飘动动画（1）

（4）新建图层 2，在第 80 帧处插入关键帧，拖入位图"yyy.jpg"，并转换为图形元件，在 300 帧处插入关键帧，然后制作云朵飘动补间动画，如图 7-59 所示。

（5）新建影片剪辑元件"云 2"，用与"云 1"相同的方法制作云动补间动画，如图 7-60 所示。

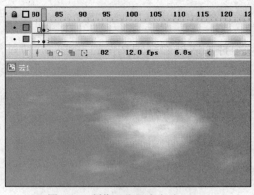

图 7-59　制作云朵飘动动画（2）

图 7-60　制作云朵飘动动画（3）

（6）新建影片剪辑元件"飞机"，选择"文件"→"导入"→"导入到舞台"命令，在打开的"导入"对话框中选择"飞机.swf"文件，如图 7-61 所示。

（7）单击 打开@ 按钮关闭对话框，导入飞机图形到舞台，如图 7-62 所示。

图 7-61　"导入"对话框

图 7-62　飞机元件

（8）返回主场景，在图层 1 的第 300 帧处插入帧，锁定图层 1，新建图层 2 和图层 3，从"库"面板中分别将元件"云 1"、"云 2"放置在图层 2 和图层 3 的右边位置，如图 7-63 所示。

（9）分别在图层 2 和图层 3 的第 300 帧处插入关键帧，将元件"云 1"、"云 2"放置在左边位置，然后分别在图层 2 和图层 3 的第 1 帧处创建补间动画，如图 7-64 所示。

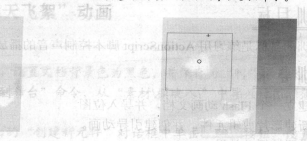

图 7-63　第 1 帧处

图 7-64　第 300 帧处

（10）锁定图层 2 和图层 3，新建图层 4，从"库"面板中拖入元件"飞机"并放置在图层 4 中。新建引导图层，并用钢笔工具绘制引导线，在第 1 帧处将飞机实例放置到左边起点上，如图 7-65 所示。

（11）在第 300 帧处插入关键帧，将飞机实例放置在右边的终点上，然后在第 1 帧处创建补间动画，如图 7-66 所示。

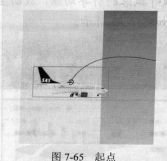

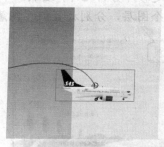

图 7-65　起点

图 7-66　终点

（12）新建图层 6，单击第 1 帧，在"属性"面板中选择声音文件"fly.wav"，然后单击 编辑… 按钮打开"编辑封套"对话框，拖动标尺上结束位置的滑块截取音频，在音频波段处单击添加几个封套手柄，分别调整手柄位置，效果如图 7-67 所示。

（13）单击 确定 按钮关闭对话框，此时时间帧效果如图 7-68 所示。

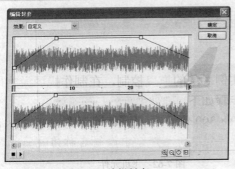

图 7-67　编辑封套

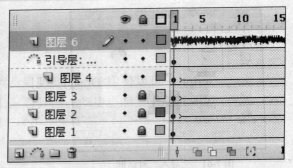

图 7-68　时间帧效果

（14）按【Ctrl+S】组合键保存文档，然后按【Ctrl+Enter】组合键预览动画。

实训二　制作"控制声音播放"

实训目标

本实训的目标是练习用 ActionScript 脚本控制声音的播放。

实训要求

（1）建立一个 Flash 动画文档，并导入位图。
（2）新建影片剪辑元件，并创建引导动画。
（3）设置帧缓动效果。
（4）加载多个元件实例到场景。

操作步骤

（1）新建一个 Flash 文档，设置文档大小为"500×400 像素"，并保存为"制作控制声音播放.fla"。用绘图工具绘制一个背景图形，在第 60 帧处插入帧，如图 7-69 所示。
（2）新建影片剪辑元件，绘制一个枫叶图形，并制作枫叶飘落的引导动画，放回主场景。然后新建 5 个图层，分别放置枫叶飘落元件在各图层中，如图 7-70 所示。

图 7-69　绘制背景图形

图 7-70　制作飘落枫叶

（3）选择"文件"→"导入"→"导入到库"命令，导入"素材\模块七\wa0.wav"音频文件。
（4）新建图层 7，从"库"面板中拖入音频到图层 7 中，如图 7-71 所示。

图 7-71　引用音频

（5）新建图层 8，在第 20 帧处插入关键帧，单击第 20 帧，按【F9】键打开"动作"面板，并输入如下脚本。

```
SoundMixer.stopAll();
```

（6）保存文档，按【Ctrl+Enter】组合键预览动画，在动画播放的过程中会有声音停止播放的效果。

☎说明：本实例中主要使用脚本控制声音停止播放，AciontScript 脚本将在模块八中详细介绍。

拓 展 练 习

1．制作瀑布动画，效果如图 7-72 所示。

（1）新建一个 Flash 文档，设置文档属性。
（2）导入素材文件。
（3）制作图像变换动画。
（4）引用音频文件。

2．制作家庭影院动画，效果如图 7-73 所示。

（1）新建一个 Flash 文档，设置文档属性，导入位图。
（2）从"组件"面板拖入 FLVPlayback 组件。
（3）加载外部视频文件。
（4）设置组件参数。

图 7-72　瀑布

图 7-73　家庭影院

模块八 动画编程

模块简介

在制作动画的过程中，除了前面讲述的动画制作方法外，Flash CS3 还可以使用自带的脚本语言 ActionScript 3.0 进行动画编程。在 Flash 中合理应用 ActionScript 可以实现各种动画特效，对影片进行良好地控制，实现强大的人机交互及与网络服务器的交互功能。

学习目标

☍ 认识 ActionScript 3.0 和编程环境
☍ 掌握交互动画制作
☍ 条件\循环\属性控制脚本
☍ 时间\声音\网络脚本运用

任务一 初识 ActionScript 3.0

任务目标

本任务的目标是了解 ActionScript 3.0 的编程环境和语言基础。

任务分析

ActionScript 3.0 脚本作为 Flash CS3 交互功能实现的核心，无论是利用 Flash 制作的交互游戏，还是简单的动画作品，通常都需要涉及 ActionScript 脚本的应用。它的结构和 C、Java 等高级编程语言相似，采用面向对象编程的思想，因此，对于初学者和有编程经验的人来说，学习 ActionScript 脚本都比较轻松。下面介绍 ActionScript 语言及语法。

1. 变量和常量

"变量"是一个名称，它代表计算机内存中的值，创建一个变量（称为"声明"变量），应使用 var 语句：

```
var value1:Number=17;
```

常量是指具有无法改变的固定值的属性。只能为常量赋值一次，而且必须在最接近常量声明的位置赋值。

```
public const MINIMUM:int = 0;
public const MAXIMUM:int;
public function A()
{
    MAXIMUM = 10;
```

```
}
```

2．数据类型

- String: 一个文本值，如一个名称或书中某一章的文字。
- Numeric: 对于 numeric 型数据，ActionScript 3.0 包含 3 种特定的数据类型，即 Number、Int 和 Uint。
- Boolean: 一个 true 或 false 值，如开关是否开启或两个值是否相等。
- MovieClip: 影片剪辑元件。
- TextField: 动态文本字段或输入文本字段。
- SimpleButton: 按钮元件。
- Date: 有关时间中的某个片刻的信息（日期和时间）。

3．类型转换

类型转换是指将某个值转换为其他数据类型的值。类型转换可以是"隐式的"，也可以是"显式的"。

例如，下面的代码提取一个布尔值并将它转换为一个整数：

```
var myBoolean:Boolean = true;
var myINT:int = int(myBoolean);
trace(myINT); \\ 1
```

4．条件语句

ActionScript 3.0 提供了 3 个可用来控制程序流的基本条件语句。

- if…else 条件语句：用于测试一个条件，如果该条件存在，则执行一个代码块，否则执行替代代码块。

```
if (x > 20)
{
    trace("x is > 20");
}
else
{
    trace("x is <= 20");
}
```

- if…else if 条件语句：来测试多个条件。

```
if (x > 20)
{
    trace("x is > 20");
}
else if (x < 0)
{
    trace("x is negative");
}
```

- switch 语句：它不是对条件进行测试以获得布尔值，而是对表达式进行求值并使用计算结果来确定要执行的代码块。

```
var someDate:Date = new Date();
var dayNum:uint = someDate.getDay();
switch(dayNum)
{
    case 0:
        trace("Sunday");
        break;
    case 1:
        trace("Monday");
        break;
    case 2:
        trace("Tuesday");
        break;
    default:
        trace("Out of range");
        break;
}
```

5．循环

ActionScript 3.0 中的循环语句包括 for…in、for each…in、while 及 do…while 几种，下面分别进行介绍。

- for…in 循环用于循环访问对象属性或数组元素。

```
var myObj:Object = {x:20, y:30};
for (var i:String in myObj)
{
    trace(i + ": " + myObj[i]);
}
\\ 输出：
\\ x: 20
\\ y: 30
```

- for each…in 循环用于循环访问集合中的项目。

```
var myObj:Object = {x:20, y:30};
for each (var num in myObj)
{
    trace(num);
}
\\ 输出：
\\ 20
\\ 30
```

- while 循环与 if 语句相似，只要条件为 true，就会反复执行。

```
var i:int = 0;
while (i < 5)
{
    trace(i);
    i++;
}
```

- do…while 循环是一种 while 循环，它保证至少执行一次代码块，这是因为在执行代码块后才会检查条件。

```
var i:int = 5;
do
{
    trace(i);
    i++;
} while (i < 5);
\\ 输出：5
```

6. 函数

函数是执行特定任务并可以在程序中重复使用的代码块。关于函数的相关知识如下。

- 调用函数：可通过使用后跟小括号运算符（ ）的函数标识符来调用函数，如果要调用没有参数的函数，则必须使用一对空的小括号。例如：

```
var randomNum:Number = Math.random();
```

- 自定义函数：在 ActionScript 3.0 中可通过函数语句和函数表达式两种方法来定义函数。
- 函数语句：函数语句是在严格模式下定义函数的首选方法。函数语句以 function 关键字开头，后跟函数名。

```
function traceParameter(aParam:String)
{
    trace(aParam);
}
traceParameter("hello"); \\ hello
```

7. 处理对象

对象是面向对象编程中的重要概念，下面来介绍对象的相关知识。

- 属性：表示某个对象中绑定在一起的若干数据块中的一个，MovieClip 类具有 rotation、x、width、alpha 等属性。例如：

```
square.x = 100;
square.y = 200;
square.rotation = 120;
square.width = 80;
square.alpha = 60%;
```

- 方法：是指可以由对象执行的操作。

stop： 使影片停止在当前时间轴的当前帧中。其语法为：stop(); ，括号中无参数。

play： 使影片从当前帧开始继续播放。其语法为：play ();

gotoAndStop： 跳转到用帧标签或帧编号指定的某一特定帧并停止。其语法为：gotoAndStop("场景", "帧\帧编号");，如果为帧，就不需要引号。

gotoAndPlay： 跳转到用帧标签或帧编号指定的某一特定帧并继续播放。其语法为：gotoAndPlay("场景", "帧\帧编号"); ，如果为帧，就不需要引号。

nextFrame： 使影片转到下一帧并停止。其语法为：nextFrame();

prevFrame： 使影片回到上一帧并停止。其语法为：prevFrame();

nextSence： 使影片转到下一场景并停止。其语法为：nextSence();

prevSence： 使影片回到上一场景并停止。其语法为：prevSence();

- 事件是确定计算机执行哪些指令以及何时执行的机制。处理事件的 ActionScript 代码，都会包括这 3 个元素，并且代码将遵循以下基本结构（以粗体显示的元素是将针对具

体情况填写的占位符):

```
function eventResponse(eventObject:EventType):void
{
    \\ 此处是为响应事件而执行的动作
}
eventSource.addEventListener(EventType.EVENT_NAME, eventResponse);
```

8．常用编程元素

常有的编程元素包括运算符、注释、流控制等，下面具体进行介绍。

● 运算符：是用于执行计算的特殊符号 (有时候是词)，这些运算符主要用于数学运算，
有时也用于值的比较。例如：

```
var sum:Number = 23 + 32;
```

● 注释：它是一个工具，用于编写计算机应在代码中忽略的文本。例如：

```
\\ 这是单行注释，计算机将会忽略它
var age:Number = 10; \\ 默认情况下，将 age 设置为 10
\*
这是多行注释
特定函数的作用或解释某一部分代码
在任何情况下，计算机都将忽略所有这些行
*\
```

● 流控制：一般包括函数、条件和循环语句。例如：

```
if (username ==="admin")
{
    \\ 执行一些仅限管理员完成的操作，如显示额外选项
}
else
{
    \\ 执行一些非管理员完成的操作
}
```

操作一　熟悉 ActionScript 的编程环境

在使用 ActionScript 3.0 编程之前，先要熟悉它的编程环境，这将会给以后编程带来
方便。

1．"动作"面板

"动作"面板是编程的主要环境，在"动作"面板上可直接书写所需要的脚本程序。选择
"窗口"→"动作"菜单命令或是按【F9】键打开"动作"面板，如图 8-1 所示。

"动作"面板由 9 个部分组成，下面分别进行介绍。

● 标题栏："动作"面板可为"帧"添加脚本，因此，标题栏显示为"动作-帧"。

● AS 版本：AS 是 ActionScript 的缩写，在"AS 版本"下拉列表中可以为 Flash 选择脚
本语言的版本。

● 动作工具箱：在动作工具箱中，每个动作脚本元素在该工具箱中都有一个对应的条目，

可以通过双击或拖曳其中的条目将其添加到右侧的脚本编辑窗口中。

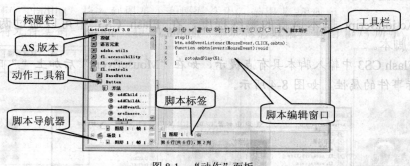

图 8-1　"动作"面板

- 脚本导航窗口：在 Flash 文件中凡是添加了 ActionScript 的帧将在脚本导航窗口中显示出来，单击相应的项目，右侧的脚本编辑窗口就会显示与该项目对应位置相关联的 AS 脚本。
- "弹出菜单"按钮：单击该按钮可以弹出与"动作"面板相关的设置选项。
- 工具栏：对脚本编写起帮助和编辑作用，如图 8-2 所示。

图 8-2　工具栏

- 脚本编辑窗口：这是"动作"面板的主要部分，用来输入和编辑需要的动作脚本。
- 脚本标签：显示的对象当前正在被进行脚本编辑。
- 光标所在行列：表示在"脚本编辑窗口"中，鼠标指针所在的行和列。

2."脚本"窗口

在菜单栏中选择"文件"→"新建"命令，在打开的"新建文档"对话框中选择"ActionScript 文件"，单击 确定 按钮新建一个 ActionScript 文件，在"脚本"窗口中输入 ActionScript 3.0 语句，如图 8-3 所示。

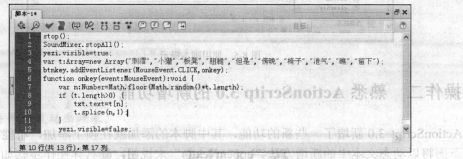

图 8-3　"脚本"窗口

☎提示："脚本"窗口也是 ActionScript 的编辑环境之一，它与"动作"面板有些类似，可通过输入的方式进行脚本的编辑。

3．脚本的输入方式

根据 ActionScript 脚本语言的熟练程度，在 Flash CS3 中可以通过两种方式输入 ActionScript 脚本。

● 在 Flash CS3 中输入脚本具有点提示，如在"MouseEvent"后加上"."时，就出现该鼠标事件的属性，如图 8-4 所示。

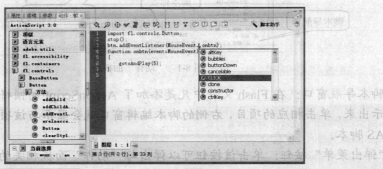

图 8-4　直接输入脚本

● 对于初学者而言，可以通过脚本助手进行输入，单击 ✎脚本助手 按钮进入脚本提示窗口，在动作工具箱中双击"addEventListener()"，然后在脚本提示窗口中输入各参数，如图 8-5 所示。

图 8-5　使用脚本提示

操作二　熟悉 ActionScritp 3.0 的新增功能

ActionScript 3.0 新增了一些新的功能，其中脚本的添加就在帧上添加，不能在按钮上添加，下面将以动态文本中的新增方法"appentText()"来说明，其具体操作步骤如下。

（1）新建一个 Flash 文档，设置场景大小为"400×300 像素"，背景颜色为"#FF9999"，并保存为"AS3 新增功能.fla"。按【F8】键新建一个按钮元件，并制作按钮，如图 8-6 所示。

（2）单击 场景1 按钮返回主场景，将图层 1 重名为"button"，从"库"面板中拖曳 10 个按钮元件到场景中，并在"对齐"面板中调整按钮位置，如图 8-7 所示。

图 8-6 制作按钮元件

图 8-7 排列按钮实例

（3）单击 回 按钮新建图层，并重命名为 "word" 图层，用文字工具分别输入数字 0 ~ 9，并分别放置在按钮上，如图 8-8 所示。

（4）锁定 "word" 图层，选择按钮 1，在 "属性" 面板中设置实例名称为 "btn1"，如图 8-9 所示。用相同的方法定义 2 ~ 0 数字按钮的实例名称分别为 "btn2"、"btn3"、"btn4"、"btn5"、"btn6"、"btn7"、"btn8"、"btn9"、"btn0"。

图 8-8 输入数字

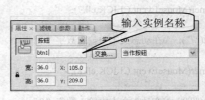

图 8-9 定义实例名称

（5）锁定 "button" 图层，解锁 "word" 图层，选择文本工具 T，在 "属性" 面板中设置文本类型为 "动态文本"、线条类型为 "多行"，如图 8-10 所示。

（6）在场景中拖出一个动态文本框，如图 8-11 所示。

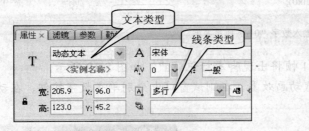

图 8-10 设置动态文本

图 8-11 动态文本框

（7）单击 回 按钮新建图层，并重命名为 "action" 图层，在时间轴中单击第 1 帧，按【F9】键打开 "动作-帧" 面板，在脚本编辑窗口中输入如下语句，单击自动套用格式按钮 格式化命令语句。

```
btn1.addEventListener(MouseEvent.CLICK,clk1);
function clk1(evt) {
    txt.appendText("1");    \\在动态文本中输入数字 "1"
}
btn2.addEventListener(MouseEvent.CLICK,clk2);
```

```
function clk2(evt) {
    txt.appendText("2");    \\在动态文本中输入数字"2"
}
btn3.addEventListener(MouseEvent.CLICK,clk3);
function clk3(evt) {
    txt.appendText("3");    \\在动态文本中输入数字"3"
}
btn4.addEventListener(MouseEvent.CLICK,clk4);
function clk4(evt) {
    txt.appendText("4");    \\在动态文本中输入数字"4"
}
btn5.addEventListener(MouseEvent.CLICK,clk5);
function clk5(evt){
    txt.appendText("5");    \\在动态文本中输入数字"5"
}
btn6.addEventListener(MouseEvent.CLICK,clk6);
function clk6(evt) {
    txt.appendText("6");    \\在动态文本中输入数字"6"
}
btn7.addEventListener(MouseEvent.CLICK,clk7);
function clk7(evt) {
    txt.appendText("7");    \\在动态文本中输入数字"7"
}
btn8.addEventListener(MouseEvent.CLICK,clk8);
function clk8(evt) {
    txt.appendText("8");    \\在动态文本中输入数字"8"
}
btn9.addEventListener(MouseEvent.CLICK,clk9);
function clk9(evt) {
    txt.appendText("9");    \\在动态文本中输入数字"9"
}
btn0.addEventListener(MouseEvent.CLICK,clk0);
function clk0(evt) {
    txt.appendText("0");    \\在动态文本中输入数字"0"
}
```

（8）此时在"action"图层的第 1 帧将出现脚本标记"a"，如图 8-12 所示。

（9）按【Ctrl+Enter】组合键测试动画效果，在测试窗口中分别单击数字按钮，在动态文本框中输入数字，如图 8-13 所示。

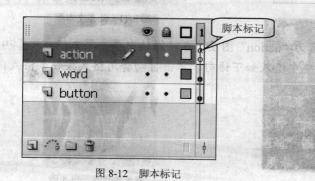

图 8-12　脚本标记

图 8-13　测试效果

说明：ActionScript 脚本语言的语法格式要求严格，要特别注意区分字母的大小写。

知识回顾

本任务主要介绍了 ActionScript 3.0 脚本语言的概念和基本语法，以及 Flash CS3 中的编程环境和操作方法。

任务二　学习交互动画编程

任务目标

本任务的目标是通过几个实例来讲解 ActionScript 3.0 在动画中的交互功能。

任务分析

在 Flash CS3 中交互动画可以通过鼠标和键盘控制实例对象的动作和属性等，而鼠标事件又包括单击、双击、经过和拖曳。

操作一　制作鼠标控制角色

Action Script 既可以控制场景中的帧动作，也可以控制影片剪辑实例对象中的动作，本实例将通过用鼠标控制角色的跑动进行讲解。制作鼠标控制角色的具体操作步骤如下。

（1）新建一个 Flash 文档，设置文档大小为 "500×300 像素"，并保存为 "鼠标控制角色.fla"。打开文件 "素材\模块八\道路.fla"，选择元件 "路"，然后复制到 "鼠标控制角色.fla" 文档的场景中，并让 "路" 实例对象相对于场景左对齐，如图 8-14 所示。

（2）按【F8】键，在弹出的 "创建新元件" 中设置名称为人物、类型为影片剪辑，如图 8-15 所示。

图 8-14　复制元件

图 8-15　新建元件

（3）单击 [确定] 按钮打开 "人物" 元件编辑窗口，在第 1 帧处绘制一个人物跑步动作图形。在第 2 帧处插入空白关键帧，绘制第 2 个人物跑步动作。用相同的方法依次绘制第 3～8 帧处人物跑步的动作，如图 8-16 所示。

（4）返回主场景，在第 50 帧处插入关键帧，并将 "路" 实例相对于场景右对齐，然后在 1～49 帧创建补间动画，如图 8-17 所示。

图 8-16　制作人物跑步动作

图 8-17　图层 1 创建补间动画

（5）新建图层 2，锁定图层 1，从"库"面板中拖曳"人物"元件到图层 2 中，如图 8-18 所示。在"属性"面板中定义"人物"的实例名称为 person。

图 8-18　制作第 3 帧

（6）新建图层 3，锁定图层 2，选择"窗口"→"公共库"→"按钮"菜单命令打开"库 -Button"面板，从"库-Button"面板中拖曳几个按钮到图层 3 中，并分别定义按钮的实例名 称为 btnply、btnpus、btnstp，如图 8-19 所示。

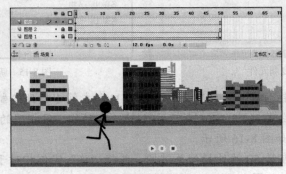

图 8-19　拖放按钮

（7）锁定图层 3，新建图层 4，并重命名为 "action"，单击第 1 帧，按【F9】键打开 "动作-帧" 面板，输入如下脚本。

```
stop();          \\停止场景时间帧
person.stop();        \\停止角色
\*连续跑步动作*\
btnply.addEventListener(MouseEvent.CLICK,onply);
function onply(evt) {
    play();
    person.play();
}
\*步进动作*\
btnpus.addEventListener(MouseEvent.CLICK,onpus);
function onpus(evt) {
    nextFrame();   \\下一帧
    person.nextFrame();
}
\*停止动作*\
btnstp.addEventListener(MouseEvent.CLICK,onstp);
function onstp(evt) {
    gotoAndStop(1);   \\跳转到第 1 帧
    person.gotoAndStop(1);
}
```

（8）保存并测试动画效果，分别单击 3 个按钮，如图 8-20、图 8-21 和图 8-22 所示。

图 8-20　单击播放按钮

图 8-21　单击步进按钮

图 8-22　单击停止按钮

操作二　制作键盘控制角色

除了用鼠标实现交互效果外，也可以用键盘实现交互功能，下面将制作一个能用键盘控制运动的篮球。

具体操作步骤如下。

（1）新建一个 Flash 文档，设置文档大小为 "500×300 像素"，并保存为 "制作键盘控制角色.fla"。打开文件 "素材\模块八\鼠标控制角色.fla"，分别复

图 8-23　复制时间帧

制图层 1 和图层 2 的时间帧到 "制作键盘控制角色.fla" 文档的场景中，将 "人物" 的实例名称设置为 person，如图 8-23 所示。

（2）新建图层 3，并重命名为"action"，单击第 1 帧，按【F9】键打开"动作-帧"面板，输入如下脚本。

```
stop();     \\停止场景时间帧
person.stop();      \\停止角色
stage.focus=this;      \\设置接受事件的焦点到当前场景中
this.addEventListener(KeyboardEvent.KEY_DOWN,keydown);
function keydown(evt) {    \\定义函数 keydown
    if (evt.keyCode==37) {    \\按下左键
        prevFrame();
        person.prevFrame();
    }
    if (evt.keyCode==38) {    \\按下向上键
        gotoAndStop(1);
        person.gotoAndStop(1);
    }
    if (evt.keyCode==39) {    \\按下右键
        nextFrame();
        person.nextFrame();
    }
    if (evt.keyCode==40) {    \\按向下键
        play();
        person.play();
    }
}
```

（3）保存并测试动画效果，在键盘上分别按下【↓】、【←】、【→】、【↑】键，效果如图 8-24 至图 8-27 所示。

图 8-24　按下【↓】键

图 8-25　按下【→】键

图 8-26　按下【←】键

图 8-27　按下【↑】键

操作三　制作鼠标拖曳动画

在 ActionScript 中可以使用 Drag()实现鼠标对实例对象的拖曳控制，在制作拼图游戏时应用该方法非常多。制作鼠标拖曳动画的具体操作步骤如下。

（1）新建一个 Flash 文档，设置文档大小为"300×300 像素"，背景颜色为黑色，并保存为"制作鼠标拖曳动画.fla"。按【F8】键，在弹出的"创建新元件"中设置名称为"篮球"、类型为"影片剪辑"，如图 8-28 所示。

（2）单击 确定 按钮，在打开的"篮球"编辑窗口中绘制一个篮球图形，如图 8-29 所示。

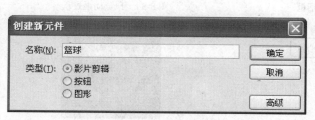

图 8-28　创建新元件对话框

图 8-29　绘制篮球

（3）新建一个影片剪辑元件"圆弧"，用椭圆工具 绘制两个如图 8-30 所示的圆，删除大圆，剩下圆弧图形，如图 8-31 所示。

（4）新建一个影片剪辑元件"旋转"，从"库"面板中拖曳一个"圆弧"元件，并在"滤镜"面板中添加"模糊"效果，如图 8-32 所示。

图 8-30　绘制图形

图 8-31　删除图形

图 8-32　应用模糊效果

（5）在第 40 帧处插入关键帧，在第 1～39 帧创建补间动画，单击第 1 帧，在"属性"面板中设置"旋转"为顺时针，单击 编辑... 按钮，在"自定义缓入/缓出"对话框中设置自定义线如图 8-33 所示。

（6）单击 确定 按钮，在时间帧中预览动画变化过程，如图 8-34 所示。

（7）新建一个影片剪辑元件"光影"，从"库"面板中拖曳一个"旋转"元件，将"旋转"实例的中心点调整到圆心位置，如图 8-35 所示。

（8）旋转实例，在"变形"面板中设置旋转为 30 度，然后重复单击"直接复制"按钮 复制实例，如图 8-36 所示。

（9）返回主场景，从"库"面板中拖曳"篮球"元件到图层 1 中，如图 8-37 所示。在"属性"面板中定义"篮球"的实例名称为"bball"。

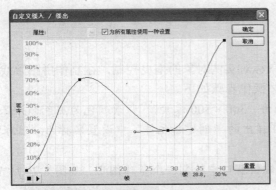

图 8-33 "自定义缓动/缓出"对话框

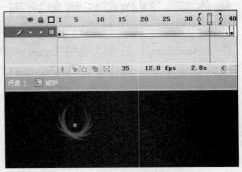

图 8-34 预览动画过程

图 8-35 移动中心点

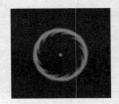

图 8-36 复制实例

（10）锁定图层 1，新建图层 2，并重命名为"action"。单击第 1 帧，按【F9】键打开"动作-帧"面板，输入如下脚本。按【Ctrl+Enter】组合键测试效果如图 8-38 所示。

```
\*定义拖曳效果*\
bball.addEventListener(MouseEvent.MOUSE_DOWN,bmd);
function bmd(evt) {
    bball.startDrag();    \\开始拖动
}
bball.addEventListener(MouseEvent.MOUSE_UP,bmu);
function bmu(evt) {
    bball.stopDrag();    \\停止拖动
}
```

图 8-37 定义实例名称

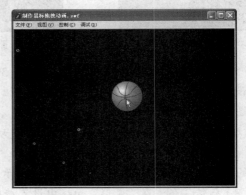

图 8-38 测试鼠标拖曳效果

（11）新建图层 3，从"库"面板中拖曳"光影"元件到图层 3 中，并定义其实例名称为 mouse，如图 8-39 所示。

（12）在"action"图层中单击第1帧，按【F9】键打开"动作-帧"面板，输入如下脚本。

```
\*定义鼠标指针变成光影效果*\
addEventListener(Event.ENTER_FRAME,enterFrm);
function enterFrm(evt) {\\定义事件处理函数
    mouse.x=mouseX;\\设置"mouse"的 x 坐标与鼠标 x 坐标相同
    mouse.y=mouseY;\\设置"mouse"的 y 坐标与鼠标 y 坐标相同
}
Mouse.hide();\\隐藏鼠标指针
```

（13）保存并测试动画效果，移动鼠标，可以看到鼠标变成光影效果，如图8-40所示。

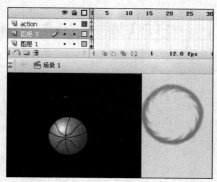

图8-39 定义实例名称

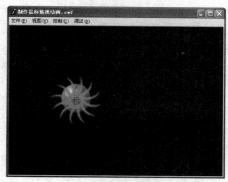

图8-40 预览鼠标效果

操作四 制作遥控汽车

影片实例主要有 rotation、x、width、alpha 等属性，下面制作一个遥控汽车来学习这些属性的操作方法。制作遥控汽车的具体操作步骤如下。

（1）新建一个 Flash 文档，设置文档大小为"400×400像素"，背景颜色为黑色，并保存为"制作遥控汽车.fla"。按【F8】键，在弹出的"创建新元件"对话框中设置名称为"汽车"、类型为"影片剪辑"，如图8-41所示。

（2）单击 [确定] 按钮，在打开的"汽车"编辑窗口中绘制一个汽车图形，如图8-42所示。

图8-41 创建新元件对话框

图8-42 绘制汽车

（3）返回主场景，从"库"面板中拖曳"汽车"元件到图层1中，并定义"汽车"的实例名称为 car，如图8-43所示。

（4）锁定图层1，新建图层2，绘制一个矩形，选择"窗口"→"公共库"→"按钮"命令打开"库-Button"面板，从"库-Button"面板中拖曳6个按钮到图层2，并调整按钮，分别定义6个按钮的实例名称为 btntl、btnup、btntr、btnleft、btndown、btnright，如图8-44

所示。

图 8-43　定义汽车实例

图 8-44　定义按钮实例

（5）新建图层3，并重命名为 "action"。单击第 1 帧，按【F9】键打开 "动作-帧" 面板，输入如下脚本。

```
btnleft.addEventListener(MouseEvent.MOUSE_DOWN,cmdleft);
function cmdleft(evt) {\\定义函数 cmdleft
    car.x=car.x-10;\\更改实例 car 的 x 坐标
}
btnright.addEventListener(MouseEvent.MOUSE_DOWN,cmdright);
function cmdright(evt) {\\定义函数 cmdright
    car.x=car.x+10;\\更改实例 car 的 x 坐标
}
btnup.addEventListener(MouseEvent.MOUSE_DOWN,cmdup);
function cmdup(evt) {\\定义函数 cmdup
    car.y=car.y-10;\\更改实例 car 的 y 坐标
}
btndown.addEventListener(MouseEvent.MOUSE_DOWN,cmddown);
function cmddown(evt) {\\定义函数 cmddown
    car.y=car.y+10;\\更改实例 car 的 y 坐标
}
btntl.addEventListener(MouseEvent.MOUSE_DOWN,cmdtl);
function cmdtl(evt) {\\定义函数 cmdleft
    car.rotation=car.rotation-90;\\更改实例 car 的 rotation 属性
}
btntr.addEventListener(MouseEvent.MOUSE_DOWN,cmdtr);
function cmdtr(evt) {\\定义函数 cmdtr
    car.rotation=car.rotation+90;\\更改实例 car 的 ritation 属性
}
```

（6）保存并测试动画效果，单击按钮控制汽车运动，如图 8-45 所示。

图 8-45　预览效果

知识回顾

本任务通过几个实例的学习，我们知道 ActionScript 脚本只能添加在时间轴上，并通过实例掌握了运用鼠标和键盘事件以及影片属性来实现动画的交互。

任务三　学习高级脚本编程

┃任务目标

本任务的目标是通过几个实例来了解 ActionScript 语言中条件/循环语句的应用以及在时间/声音网络中的运用。

┃任务分析

ActionScript 和其他高级语言一样有自己的条件判断和循环语句块，时间语句通过获取系统时间的相关信息进行设置，声音控制语句可以引入外部声音流来控制声音的播放、停止、声道音量大小等属性，网络控制语句可以设置动画的播放属性并为动画添加网络连接。

操作一　制作"满天飞絮"动画

具体操作步骤如下。

（1）新建一个 Flash 文档，设置文档背景色为黑色，并保存为"制作满天飞絮.fla"。选择"文件"→"导入"→"导入到舞台"命令，从"素材\模块八\"中导入位图"蒲公英.jpg"，并调整位置，如图 8-46 所示。

（2）按【F8】键，在弹出的"创建新元件"对话框中单击 高级 按钮，设置名称为"飞絮"、类型为"影片剪辑"，选中"为 ActionScript 导出"复选框，在"类"文本框中输入名称"fx"，如图 8-47 所示。

图 8-46　导入位图

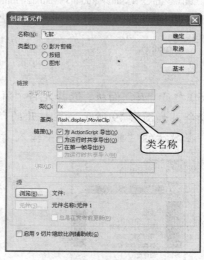

图 8-47　"创建新元件"对话框

（3）单击 确定 按钮，在元件窗口中绘制一个蒲公英花絮图形，分别在第 3、5、7 帧处插入关键帧，并分别调整图形，如图 8-48 所示。

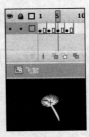

图 8-48　绘制蒲公英花絮图形

（4）按【F8】键新建一个影片剪辑元件"蒲公英"，从"库"面板中拖曳一个"fx"元件到图层 1 中。

（5）新建图层 2，并重命名为"Action"，按【F9】键打开"动作-帧"面板，在其中添加如下脚本。

```
\*自定函数产生实例随机位置和大小*\
function rndfx()
{
    this.x=Math.random()*360;
    this.y=360;\\设置实例的起始位置
    this.scaleX=Math.random()+0.2;\\产生随机函数
    this.scaleY=this.scaleX;
}
rndfx();
addEventListener(Event.ENTER_FRAME,up);
function up(evt)
{
    this.y=this.y-5;
    \*让当前实例随机向左或向右移动 5 像素以内的位置*\
    this.x=this.x+(Math.random()+Math.random())*5;
    if (this.y<0) \\当实例到顶部时重新从起始位置开始
    {
        rndfx();
    }
}
```

（6）打开"库"面板，选择元件"蒲公英"，单击鼠标右键，在弹出的快捷菜单中选择"连接"命令，如图 8-49 所示。在打开的"连接属性"对话框中选中"为 ActionScript 导出"复选框，在激活的"类"文本框中输入"pg"，如图 8-50 所示。

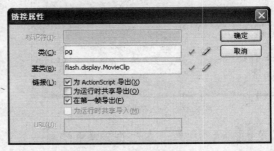

图 8-49　"库"面板　　　　　图 8-50　"连接属性"对话框

（7）单击 确定 按钮，返回主场景，新建图层 2，并重命名为 "action"，按【F9】键打开 "动作-帧" 面板，在其中添加如下脚本。

```
var obj:Array=new Array();\\自定义数组
var i=0;
addEventListener(Event.ENTER_FRAME,run);
function run(evt)
{
    if (i<50)
    {
        var sn=new pg();
        obj[i]=addChild(sn);\\向数组赋值
        i++;
    }
}
```

（8）保存文档，按【Ctrl+Enter】组合键测试影片，效果如图 8-51 所示。

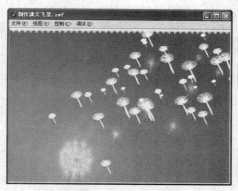

图 8-51　测试动画效果

操作二　制作音乐时钟

具体操作步骤如下。

（1）新建一个 Flash 文档，设置文档大小为 "300×400 像素"，并保存为 "制作音乐时钟.fla"。

（2）新建影片剪辑元件 "秒针"，绘制一个如图 8-52 所示的秒针图形。新建影片剪辑元件 "分针"，绘制一个如图 8-53 所示的分针图形。新建影片剪辑元件 "时针"，绘制一个如图 8-54 所示的时针图形。新建图形元件 "针轴"，绘制一个如图 8-55 所示的针轴图形。

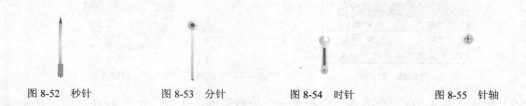

图 8-52　秒针　　　　　　图 8-53　分针　　　　　　图 8-54　时针　　　　　　图 8-55　针轴

（3）返回主场景，绘制一个钟面图形，在钟面上输入时刻数字，如图 8-56 所示。

（4）新建图层 2，显示辅助线，从"库"面板中拖曳元件实例到图层 2 上，并调整其位置，用任意变形工具选择图形，并调整其中心点与钟面中心点对齐，如图 8-57 所示。

图 8-56　绘制钟面图形

图 8-57　设置中心点

（5）分别定义秒针、分针和时针的实例名称为 ss、mm、hh。

（6）新建图层 3，并重命名为"Action"，按【F9】键打开"动作-帧"面板，在其中添加如下脚本。

```
\*获取系统时间*\
var time:Date = new Date();
var hours = time.getHours();\\获取小时
var minutes = time.getMinutes();\\获取分钟
var seconds = time.getSeconds();\\获取秒
if (hours>12) {
    hours = hours-12;
}
if (hours<1) {
    hours = 12;
}
hours = hours*30+int(minutes\2);
minutes = minutes*6+int(seconds\10);
seconds = seconds*6;
\\绑定实例对象
hh.rotation=hours;
ss.rotation=seconds;
mm.rotation=minutes;
```

（7）分别在图层 1 和图层 2 的第 2 帧处插入帧，在"Action"图层的第 2 帧处插入关键帧，在第 2 帧处打开"动作-帧"面板，在其中输入如下脚本。

```
gotoAndPlay(1);
```

（8）此时的时间轴如图 8-58 所示，按【Ctrl+Enter】组合键测试动画，其效果如图 8-59 所示。

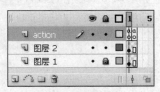

图 8-58　时间轴

图 8-59　时钟效果

（9）新建图层 4，从"公共库"中拖曳 3 个按钮到图层 4 中，如图 8-60 所示，并分别定义按钮的实例名称为 btnpa、btnply、btnstp，此时时间轴如图 8-61 所示。

图 8-60 拖曳按钮   图 8-61 时间轴

（10）将"素材\模块八\"文件夹中的"I Want To Fly.mp3"声音文件复制到与动画文件同目录位置，单击"Action"图层的第 1 帧，按【F9】键打开"动作-帧"面板，在其中输入如下脚本。

```
\*引入音乐文件*\
var sound:Sound=new Sound();\\定义声音对象
var song:SoundChannel;\\定义声音控制对象
var urlstr="I Want To Fly.mp3";\\声音文件路径
var urlr:URLRequest=new URLRequest(urlstr);
var sttime=0;\\定义变量保存播放的初始位置
sound.load(urlr);\\加载声音文件到 sound 对象中
btnpa.addEventListener(MouseEvent.CLICK,onpa);
function onpa(evt) {
    song.stop();
    sttime=song.position;\\将声音播放保存到当前位子
}
btnply.addEventListener(MouseEvent.CLICK,onply);
function onply(evt) {
    song=sound.play(sttime);\\从保存的位置播放声音
}
btnstp.addEventListener(MouseEvent.CLICK,onstp);
function onstp(evt) {
    song.stop();\\停止声音
    sttime=0;
}
```

（11）保存并测试动画效果。

操作三 制作"用户登录"界面

本实例将应用组件及网络方面的一些函数实现网上用户登录功能。制作用户登录的具体操作步骤如下。

（1）新建一个 Flash 文档，设置文档大小为"450×360 像素"，并保存为"用户登录.fla"。在菜单栏中选择"窗口"→"公共库"→"学习交互"命令打开"公共库"面板，从"公共库"中拖曳一个元件到场景中，并用文本工具输入文字"用户登录"，如图 8-62 所示。

（2）锁定图层 1，新建图层 2，用文本工具输入位置"用户名:"和"密 码:"，从"组件"面板中拖曳两个 TextInput 和两个 Button 组件到图层 2 中，如图 8-63 所示。

（3）分别定义 4 个组件的实例名称为 txtuid、txtpwd、btnlogin、btncancel，选择 txtpwd 组件，在"参数"面板中设置 displayAsPassword 为"true"，如图 8-64 所示。选择 btnlogin 组件，在"参数"面板中设置 label 为"确定"，如图 8-65 所示。选择 btncancel 组件，设置 label 为"取消"，设置完登录面板，如图 8-66 所示。

图 8-62　用户面板

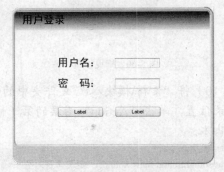
图 8-63　拖入组件

图 8-64　设置密码输入为*号显示

图 8-65　设置按钮组件显示名

（4）新建图层 3，并重命名为"Action"，按【F9】键打开"动作-帧"面板，在其中添加如下脚本。

```
stop();
\*定义 Url 对象保存 url 地址*\
var urlstr:URLRequest=new URLRequest();
btnlogin.addEventListener(MouseEvent.CLICK,onlogin);
function onlogin(evt) {
    if (txtuid.text=="userName"&&txtpwd.text=="123456") {
        urlstr.url="http:\\www.leeo.net";
        \\打开保存的 url 地址
        navigateToURL(urlstr, "_blank");
    }
}
btncancel.addEventListener(MouseEvent.CLICK,oncancel);
function oncancel(evt) {
    txtuid.text="";
    txtpwd.text="";
}
```

（5）保存文档，按【Ctrl+Enter】组合键测试动画，效果如图 8-67 所示。

知识回顾

本任务主要学习了条件/循环语句块，以及 ActionScript 3.0 在时间、声音和网络中的应用，通过这些脚本语句可以动态地实现一些复杂的特效动画。

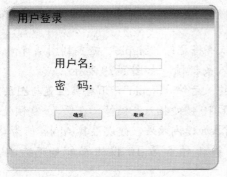

图 8-66 登录面板

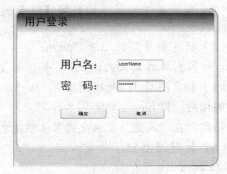

图 8-67 登录测试

实训一 制作相册

实训目标

本实训的目标是练习运用鼠标事件控制实例动作。

实训要求

（1）新建一个 Flash 动画文档。

（2）导入图片素材。

（3）创建元件实例。

（4）添加脚本。

操作步骤

（1）新建一个 Flash 文档，并将其保存为"用户登录.fla"。在菜单栏中选择"文件"→"导入"→"导入到库"命令，从"素材\模块八\"中导入图像系列，如图 8-68 所示。

（2）新建影片剪辑元件 bigpic，分别在第 1~5 帧处插入关键帧，分别从"库"面板中拖曳位图到第 1~5 帧中，并在"对齐"面板中调整位置相对于舞台水平和垂直居中，制作出逐帧动画，单击 按钮新建图层 2，如图 8-69 所示。

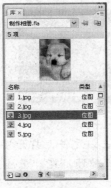

图 8-68 导入位图

图 8-69 制作逐帧动画

（3）在图层 2 的第 1 帧处按【F9】键打开"动作"帧面板，并在其中添加如下脚本。

```
stop();
```

（4）新建影片剪辑元件"picmc"，从"库"面板中将元件"bigpic"拖曳到图层 1 中，将 bigpic 的实例名称定义为"p2"，并在第 10 帧处插入关键帧，如图 8-70 所示。

（5）锁定图层 1，新建图层 2，从"库"面板中拖入元件"bigpic"，调整其位置与图层 1 中的实例相同，将 bigpic 的实例名称定义为"p1"，在第 10 帧处插入关键帧，在第 1~9 帧处创建补间动画，在"滤镜"面板中将第 1 帧处的元件实例添加模糊效果，并设置其 Alpha 值为 0%。

（6）新建图层 3，并重命名为"as"，分别在第 1 帧和第 10 帧处添加如下脚本，如图 8-71 所示。

```
stop();
```

图 8-70　拖入元件实例

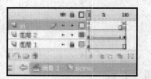

图 8-71　制作补间动画

（7）新建图层 3，并重命名为"Action"，按【F9】键打开"动作-帧"面板，在其中添加如下脚本。

```
stop();
```

（8）新建影片剪辑元件"cmdlist"，从"库"面板中拖入图像系列，调整其大小和排列顺序，如图 8-72 所示。

图 8-72　排列图形

（9）选择第 1 张图片，将其转换为按钮元件"pic1"。双击该元件，打开按钮编辑窗口，选择位图，将其转换为图形元件。在"指针经过"帧处插入关键帧，在"属性"面板设置实例的"颜色"为高亮，值为 30%，如图 8-73 所示。

（10）用同样的方法分别将其他图形转换为按钮元件，返回主场景，新建图层2，分别将元件 "picmc" 和 "cmdlist" 拖入到图层1和图层2中，如图8-74所示。

（11）分别将元件实例 "picmc" 和 "cmdlist" 添加投影效果，如图8-75所示。

图8-73 制作图形按钮

图8-74 拖入元件

图8-75 添加投影效果

（12）新建图层3，在第1帧处添加如下脚本。

```
var i=1;
var j=1;
function showpic() {
    picmc.p1.gotoAndStop(i);
    picmc.p2.gotoAndStop(j);
    picmc.gotoAndPlay(2);
    j=i;
}
cmdlist.cmd1.addEventListener(MouseEvent.CLICK,clk1);
function clk1(evt) {
    i=1;
    showpic();
}
cmdlist.cmd2.addEventListener(MouseEvent.CLICK,clk2);
function clk2(evt) {
    i=2;
    showpic();
}
cmdlist.cmd3.addEventListener(MouseEvent.CLICK,clk3);
function clk3(evt) {
    i=3;
    showpic();
}
cmdlist.cmd4.addEventListener(MouseEvent.CLICK,clk4);
function clk4(evt) {
    i=4;
    showpic();
}
cmdlist.cmd5.addEventListener(MouseEvent.CLICK,clk5);
function clk5(evt) {
    i=5;
    showpic();
}
```

（13）保存并测试动画效果。

实训二　制作飞行器

实训目标

本实训的目标是练习 if 语句的运用实例。

实训要求

（1）打开 Flash 素材文档。

（2）制作元件实例。

（3）添加脚本。

操作步骤

（1）打开文件"素材\模块八\"中的 Flash 素材文档，并另存为"制作飞行器"，如图 8-76 所示。

（2）新建图层 2，从"库"面板中拖入"yy"和"yyy"位图到图层 2 中，然后分别将位图转换为影片剪辑元件，分别定义其实例名称为"y1"和"y2"，如图 8-77 所示。

图 8-76　打开素材文档

图 8-77　创建影片实例

（3）新建图层 3，从"库"面板中拖入元件"plane"到图层 3 中，如图 8-78、图 8-79 所示。

图 8-78　拖入飞机

图 8-79　时间帧图层

（4）新建图层 4，按【F9】键打开"动作-帧"面板，在其中添加如下脚本。

```
y1.x=200;
y2.x=500;
addEventListener(Event.ENTER_FRAME,enterFrm);
function enterFrm(evt) {
    y1.x=y1.x-5;\\让实例"y1"向下移动 5 像素
    y2.x=y2.x-5;\\让实例"y2"向下移动 5 像素
    if (y1.x<=-200) {\\判断实例"y1"是否完全超出场景
        y1.x=y2.x+500;\\将"y1"放置到"y2"右方
    }
    if (y2.x<=-200) {\\判断实例"y2"是否完全超出场景
        y2.x=y1.x+500;\\将"y2"放置到"y1"右方
    }
}
```

（5）保存文档，按【Ctrl+Enter】组合键测试动画，效果如图 8-80 所示。

图 8-80 测试效果

实训三 制作鼠标跟随

实训目标

本实训的目标是练习 for 循环语句和数组的应用。

实训要求

（1）建立一个 Flash 文档，导入位图。
（2）创建动态文本实例。
（3）添加脚本。

操作步骤

（1）新建一个 Flash 文档，并保存为"制作鼠标跟随.fla"。在菜单栏中选择"文件"→"导入"→"导入到舞台"命令，导入"素材\模块八\bg.jpg"位图，如图 8-81 所示。

（2）新建影片剪辑元件"text"，选择文本工具 T，设置文本类型为"动态文本"、实例名称为"txt"，输入几个文字，如图 8-82 所示。

（3）在库面板中选择元件"text"，单击鼠标右键，在弹出的快捷菜单中选择"属性"命令，在打开的"元件"属性窗口中勾选"为 ActionScript 导出"复选框，在"类"文本框中输入"txtmc"，如图 8-83 所示，单击 确定 按钮关闭对话框。

（4）新建图层 2，按【F9】键打开"动作-帧"面板，在其中添加如下脚本。

图 8-81 导入位图

图 8-82 输入动态文本

```
var arr=new Array();
var txt="Adobe Flash CS3 Professional";
var len=txt.length;
for (var j=0; j<len; j++) {
    var mc=new txtmc();
    arr[j]=addChild(mc);
    arr[j].txt.text=txt.substr(j,1);
```

```
        arr[j].x=0;
        arr[j].y=0;
    }
addEventListener(Event.ENTER_FRAME,run);
function run(evt) {
    for (var j=0; j<len; j++) {
        arr[j].x=arr[j].x+(mouseX-arr[j].x)\(1+j)+10;
        arr[j].y=arr[j].y+(mouseY-arr[j].y)\(1+j);
    }
}
```

（5）保存文档，按【Ctrl+Enter】组合键测试动画，效果如图 8-84 所示。

图 8-83　创建连接类

图 8-84　测试效果

拓 展 练 习

1．制作拼图，效果如图 **8-85** 所示。

（1）新建一个 Flash 文档，导入位图。

（2）创建影片剪辑元件实例。

（3）添加脚本。

2．制作烟花效果，效果如图 **8-86** 所示。

（1）创建"烟花 2"元件实例动画。

（2）创建"烟花 3"元件实例，并在元件中添加脚本。

（3）在主场景中添加脚本。

图 8-85　旋转的光影

图 8-86　烟花效果

模块九　测试与发布动画

模块简介

通过前面的学习，我们已经掌握了 Flash 动画制作的方法，接下来学习如何将制作的动画发布出来了。在发布前应对 Flash 动画进行测试及优化，如测试动画效果是否满意，是否有错等，特别是有 ActionScript 脚本的 Flash 动画，必须测试脚本是否有错，是否达到了预想的目的。同时，为了达到最佳的播放效果，以及考虑到网络传播速度的影响，需要对 Flash 进行优化，让其能使用较少的时间下载完成，且播放效果能非常流畅。另外，由于一些特殊需要，有时要将 Flash 导出为图片，或者导出为 gif 动画等。本模块就来学习这些知识。

学习目标

- 掌握 Flash 动画测试方法
- 掌握 Flash 动画需优化的对象及优化方法
- 了解 Flash 导出的类型
- 掌握 Flash 导出的常用格式
- 掌握 Flash 发布的方法

任务一　优化和测试动画

任务目标

本任务的目标是认识 Flash 动画的优化对象及优化方法，以及 Flash 动画的测试方法。

任务分析

动画制作完成后，为了保证动画的播放效果符合要求，常需要对动画进行测试与优化。测试与优化是两个相辅相成的操作，常需要配合完成，下面分别对其进行介绍。

操作一　优化动画

优化动画的目的是保证动画在各个计算机上的呈现效果一致，同时动画效果要尽量完美，以及下载及传播的速度要尽量快，播放时要尽量流畅。

优化动画的操作主要包括如下 4 个方面，下面分别进行介绍。

1．对动画的优化

制作 Flash 动画时应注意对动画文件的优化，主要有如下 3 个方面。

- 将动画中相同的对象转换为元件，在需要使用时可直接从"库"面板中调用，可以很好地减少动画的数据量。
- 位图比矢量图的体积大得多，调用素材时最好使用矢量图，尽量避免使用位图。
- 因为补间动画中的过渡帧是系统计算得到的，逐帧动画的过渡帧是通过用户添加对象而得到的，补间动画的数据量相对于逐帧动画而言要小得多，因此，制作动画时最好减少逐帧动画的使用，尽量使用补间动画。

2．对元素的优化

在制作动画的过程中，还应该注意对元素进行优化，主要有以下 6 个方面。

- 尽量对动画中的各元素进行分层管理。
- 尽量减小矢量图形的形状复杂程度。
- 尽量少导入素材，特别是位图，它会大幅增加动画体积的大小。
- 导入声音文件时尽量使用 MP3 这种体积相对较小的声音格式。
- 尽量减少特殊形状矢量线条的应用，如锯齿状线条、虚线、点线等。
- 尽量使用矢量线条替换矢量色块，因为矢量线条的数据量相对于矢量色块小得多。

3．对文本的优化

在制作动画时常常会用到文本内容，因此还应对文本进行优化，主要包括以下两个方面。

- 尽量不要将文字打散。
- 使用文本时最好不要输入太多种类的字体和样式，因为使用过多的字体和样式将增大动画的数据量。

4．对色彩的优化

在使用绘图工具制作对象时，使用渐变颜色的影片文件容量将比使用单色的影片文件容量大一些，所以在制作影片时应该尽可能地使用单色且使用网络安全颜色。

操作二　测试动画

在发布和导出 Flash 动画之前，必须对动画进行测试。通过测试可以检查动画是否能正常播放，播放效果是否是自己预期的效果，并检查动画中出现的明显错误，以及根据模拟不同的网络带宽对动画的加载和播放情况进行检测，从而确保动画的最终质量。

测试动画的操作方法如下。

（1）打开要进行测试的动画文档，并打开测试窗口。

（2）选择或自定义一个下载速度来确定 Flash 模拟的数据流速率。

（3）在"调试"菜单中选择命令查看相关信息，并对语句进行调试。

（4）打开带宽显示图来查看动画的下载性能。

（5）查看数据流图表。

（6）关闭测试窗口，返回到 Flash 动画的制作场景中，完成测试。

下面以测试 Flash 动画"落叶.fla"为例进行介绍，其具体操作步骤如下。

（1）打开"素材\模块九\落叶.fla"动画文档，选择"控制"→"测试影片"命令，打开 Flash 动画测试窗口。

（2）选择"视图"→"下载设置"命令，在弹出的子菜单中选择一个下载速度来确定 Flash 模拟的数据流速率，如图 9-1 所示。如果要自定义一个下载速度，可选择"自定义"命令，在弹出的"自定义下载设置"对话框中进行详细设置，如图 9-2 所示。

图 9-1　选择下载设置

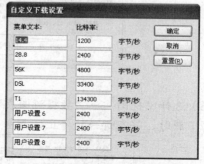

图 9-2　"自定义下载设置"对话框

（3）在"调试"菜单中选择"对象列表"命令（见图 9-3（a）），在打开的"输出"面板中会显示出动画的相关信息，并对语句进行调试，如图 9-3（b）所示。

（a）

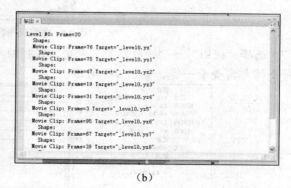

（b）

图 9-3　调试对象

（4）选择"视图"→"带宽设置"命令（见图 9-4（a）），打开如图 9-4（b）所示的带宽显示图，在其中可查看动画的下载性能。

（a）

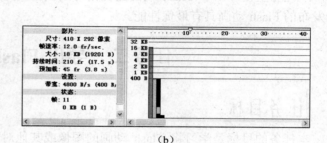

（b）

图 9-4　带宽显示图

（5）单击时间轴上的帧，动画就会停在该帧，左侧的数据将显示该帧的下载性能，如图9-5所示。通过了解各帧的情况，可以确定哪些帧过大，从而影响了 Flash 动画下载的速度，并可再对 Flash 动画进行优化。

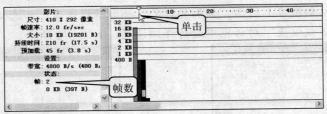

图 9-5　显示某帧下载性能

（6）选择"视图"→"数据流图表"命令，可将图表上的各帧连接在一起显示，便于查看动画下载时，将在哪一帧停止，如图9-6所示。

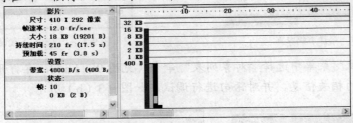

图 9-6　数据流图表

（7）选择"视图"→"帧数图表"命令，可将帧单独显示，便于查看每个帧的数据大小，这里每个帧都需查看一遍，如图9-7所示。

图 9-7　帧数图表

（8）测试完成后关闭测试窗口，根据查看的情况即可对 Flash 进行优化。

知识回顾

本任务主要介绍了 Flash 动画的优化与测试相关知识。通过对动画的优化与测试，可以让发布的 Flash 动画具有最优性能。

任务二　导出 Flash 动画

任务目标

本任务的目标是学习将 Flash 动画的图像或其他对象导出为其他格式，以便于在其他软件中对其进行利用。

任务分析

优化动画并测试其下载性能后，即可将动画导出并运用到其他应用程序中。在导出时用户可根据需要设置其导出的格式为导出影片或导出图像。

操作一 导出影片

导出影片是指将制作好的 Flash 动画导出为.swf、.avi、.mov 或.gif 动画格式的文件。实际操作中最常用的是导出为.swf 格式的文件。当导出为其他格式（如.avi、.mov 等）的文件时，由于不支持 ActionScript 脚本及 Flash 的某些特殊技术，不能导出为这些格式，或导出的动画与 Flash 动画本身的效果会存在很大差异，因此非特别情况下，一般只导出为.swf 格式的影片。

下面以将"落叶.fla"动画导出为.swf 格式的影片为例进行介绍，其具体操作步骤如下。

（1）打开"素材\模块九\落叶.fla"动画文档，再选择"文件" → "导出" → "导出影片"命令。

（2）在弹出的"导出影片"对话框"保存在"下拉列表中选择影片保存的位置，在"文件名"文本编辑框中输入保存影片的名称"落叶"，在"保存类型"下拉列表中选择保存类型，这里保持默认的"Flash 影片（*.swf）"，如图 9-8 所示。

（3）单击 保存(S) 按钮，弹出"导出 Flash Player"对话框，保持默认设置，单击 确定 按钮完成影片的导出。

（4）在保存 Flash 影片的文件夹中找到保存的 Flash 的影片，双击该影片文件图标就可以查看 Flash 动画的播放效果。

图 9-8 "导出影片"对话框

操作二 导出动画中的图像

可以将动画中的某个图像导出，以便于在其他软件中执行其他操作，如修改图像大小等。下面以导出"落叶.fla"动画中的背景图像为例进行介绍，其具体操作步骤如下。

（1）打开"素材\模块九\落叶.fla"动画文档，选中"图层 1"的第 1 帧，选择"文件" → "导出" → "导出图像"命令，弹出"导出图像"对话框。

（2）在"保存在"下拉列表中选择图像文件保存的位置，在"文件名"文本编辑框中输入图像文件保存的名称"落叶"，在"保存类型"下拉列表中选择图像导出的格式为 JPEG 格式，如图 9-9 所示。

（3）单击 保存(S) 按钮，在打开的"导出 JPEG"对话框中设置图像的导出参数，如图 9-10 所示，单击 确定 按钮完成图像的导出。

图 9-9　"导出图像"对话框　　　　　　　　图 9-10　"导出 JPEG"对话框

（4）在存储图像文件的位置即可查看到导出的图像文件"落叶.jpg"。

知识回顾

本任务主要介绍了导出 Flash 影片、导出 Flash 动画中的图像的操作。在导出 Flash 影片时需要注意不是任何类型的 Flash 都可以导出.avi 等格式的影片。在导出 Flash 动画中的图像时也要注意，选择某帧后，即使选择了该帧中的某个图像，执行导出操作后，导出的不是所选图像，而是 Flash 中这一帧所呈现的整个画面效果，因此如果要导出某个图像时，应先将该图像进行复制，再新建一个 Flash 文档，并进行粘贴操作，然后再进行导出图像操作。另外还需要注意，如果要导出背景透明的图像时，不要选择 jpg 格式，而应选择 png 格式，并在"导出 PNG"对话框的"颜色"下拉列表中选择"24 位 Alpha 通道"选项。

任务三　发布 Flash 动画

任务目标

本任务的目标是学习 Flash 动画的发布操作，包括动画格式的设置、发布效果的预览及发布动画的操作。

任务分析

当对制作完成的动画进行测试、优化等一系列前期工作后，就可以将动画发布出来，便于人们浏览和观看。默认情况下动画将发布为 SWF 播放文件。为了方便用户直接观看动画的播放效果，也可以用其他格式发布 Flash 动画。

操作一　设置动画发布格式

设置发布参数，可以对动画的发布格式、发布质量等进行设置，在 Flash CS3 中设置发布参数主要有 Flash 输出格式、HTML 输出格式、GIF 输出格式、JPEG 输出格式、PNG 输出格式等几种。

1．选择需要发布的格式

在"发布设置"对话框的"格式"选项卡中可设置需要发布的格式，通常只需要发布"Flash

(*.swf)"格式，另外也可一并发布"HTML（*.html）"。当同时发布 HTML 文件时，Flash CS3
会自动在 HTML 页面中添加相应的代码，将 Flash 动画嵌入到网页中。

选择发布格式的具体操作步骤如下。

（1）打开"素材\模块九\落叶.fla"动画文档，选择"文件"→"发布设置"命令，弹出
"发布设置"对话框，如图 9-11 所示。

（2）在"格式"选项卡"类型"栏中选中"Flash（*.swf）"复选框和"HTML（*.html）"
复选框，在其后的"文件"文本框中输入保存文档的名称，或者单击其后的 🖺 按钮，弹出"选
择发布目标"对话框，如图 9-12 所示。

图 9-11　"发布设置"对话框　　　　　　　　　　图 9-12　"选择发布目标"对话框

（3）在"保存在"下拉列表中选择要保存文档的位置，在"文
件名"文本编辑框中输入要保存文档的名称，并单击【保存】按
钮关闭对话框，完成保存位置的设置。

2. 设置 Flash 属性

在"格式"选项卡中选中了"Flash（*.swf）"复选框后，"发
布设置"对话框中即可出现"Flash"选项卡。单击"Flash"选
项卡，在打开的窗口中可以设置发布后 Flash 动画的版本、
ActionScript 的版本、图像品质、音频质量等。

设置 Flash 属性的具体操作步骤如下。

（1）打开"素材\模块九\落叶.fla"动画文档，选择"文件"→
"发布设置"命令，弹出"发布设置"对话框，选择"Flash"选项
卡，如图 9-13 所示。

图 9-13　"发布设置"对话框

（2）在"版本"下拉列表中可选择一种播放器版本，范围从 Flash Player 1 播放器到 Flash
Player 9 播放器。Flash CS3 对应的 Flash Player 9，因此发布版本最好选择"Flash Player 9"。

（3）在"加载顺序"下拉列表中可设置 Flash 如何加载动画中各图层的顺序，通常采用
默认设置即可。

（4）在"ActionScript 版本"下拉列表用于设置发布动画的 ActionScript 版本，其选择原
则是与创建 Flash 文档时所选的 ActionScript 版本保持一致，如创建 Flash 文档时选择的是

"Flash 文件（ActionScript 3.0）"，则这里应选择"ActionScript 3.0"选项。

☎ 提示：ActionScript 3.0 与 ActionScript 2.0 有较大的区别，为了保证 Flash 中的脚本能正常运行，必须选择合适的 ActionScript 版本。

（5）在"选项"栏中选中"生成大小报告"复选框后，在发布动画时会自动生成一份大小报告文本，从中可查看 Flash 动画文件的大小情况。选中"防止导入"复选框后可防止其他人导入 Flash 动画并将它转换为 Flash 文件，选中该复选框后，其后的"密码"文本框将变为可写，此时输入密码即可防止导出的 Flash 动画被导入。选中"压缩影片"复选框可以压缩 Flash 动画，从而减小文件大小，缩短下载时间。如果文件中存在大量的文本或 ActionScript 语句时，默认情况下会选中该复选框。

（6）在"JPEG 品质"栏中可设置 Flash 动画中图像的品质，其值越大，发布的 Flash 文档越大，同时，图像质量也最好。通常考虑到图像质量对其动画文档的大小及下载传播速度的因素，通常只需要设置为"80"即可。

（7）在"音频流"栏中单击其右侧的 设置 按钮，在弹出的"声音设置"对话框中可设定导出的流式音频的压缩格式、位比率、品质等，如图 9-14 所示。

图 9-14 "声音设置"对话框

（8）在"音频事件"栏中单击其右侧的 设置 按钮，弹出"声音设置"对话框（和设置音频流的对话框完全相同），在其中可设定动画中事件音频的压缩格式、位比率、品质等。

（9）在"本地回放安全性"下拉列表中可设置本地回放的安全性，包括"只访问本地文件"和"只访问网络"两个选项。

3．设置 HTML 属性

图 9-15 "发布设置"对话框

在"格式"选项卡中选中了"HTML（*.html）"复选框后，"发布设置"对话框中即可出现"HTML"选项卡。单击"HTML"选项卡，在打开的窗口中可以设置 Flash 动画出现在窗口中的位置、背景颜色、SWF 文件大小等。

设置 HTML 属性的具体操作步骤如下。

（1）打开"素材\模块九\落叶.fla"动画文档，选择"文件"→"发布设置"命令，弹出"发布设置"对话框，选择"HTML"选项卡，如图 9-15 所示。

（2）在"模板"下拉列表中可选择要使用的模板，单击右边的"信息"按钮可显示出该模板的相关信息。

（3）在"尺寸"下拉列表中可设置发布的 HTML 的宽度值和高度值，有"匹配影片"、"像素"、"百分比"3 个选项。"匹配影片"表示将发布的尺寸设为动画的实际尺寸；"像素"表示用于设置影片的实际宽度和高度，选择该项后可在宽度和高度文本框中输入具体的像素值；"百分比"表示设置动画相对于浏览器窗口的尺寸大小。

（4）在"回放"栏中选中"循环"复选框可使动画反复进行播放，取消选中该复选框，则动画到最后一帧即停止播放，选中"开始时暂停"复选框，动画会一直暂停播放，在动画中单击鼠标右键，在弹出的快捷菜单中选择"播放"命令后，动画才开始播放。默认情况下，该选项处于取消选中状态。选中"显示菜单"复选框，可设置在动画中单击鼠标右键时，弹出相应的快捷菜单。

（5）"品质"下拉列表用于设置 HTML 的品质，包括"低"、"自动减低"、"自动升高"、"中"、"高"和"最佳"6 个选项。

（6）在"窗口模式"下拉列表中可设置 HTML 的窗口模式，包括"窗口"、"不透明无窗口"和"透明无窗口"3 个选项。其中"窗口"表示在网页窗口中播放 Flash 动画；"不透明无窗口"表示使动画在无窗口模式下播放；"透明无窗口"表示使 HTML 页面中的内容从动画中所有透明的地方显示出来。

（7）在"Flash 对齐"下拉列表中可设置在浏览器窗口中放置动画并在必要时对动画的边缘进行裁剪。其中"水平"下拉列表中主要有"左对齐"、"居中"和"右对齐"3 个选项供选择；"垂直"下拉列表中主要有"顶部"、"居中"和"底部"3 个选项供选择。

（8）在"缩放"下拉列表中可设置动画的缩放方式，包括"默认"、"无边框"、"精确匹配"和"无缩放"4 个选项。

4．设置 GIF 属性

在"格式"选项卡中选中了"GIF（*.gif)"复选框后，"发布设置"对话框中即可出现"GIF"选项卡。单击"GIF"选项卡，在打开的窗口中可以对 GIF 图像文件的大小、颜色等属性进行设置。

设置 GIF 属性的具体操作步骤如下。

（1）打开"素材\模块九\落叶.fla"动画文档，选择"文件"→"发布设置"命令，弹出"发布设置"对话框，选择"GIF"选项卡，如图 9-16 所示。

（2）在"尺寸"文本框中可以输入导出的位图图像的宽度值和高度值。选中后面的"匹配影片"复选框，可使 GIF 和 Flash 动画大小相同并保持原始图像的高宽比。

（3）在"回放"栏中可选择创建的是静止图像还是 GIF 动画，如果选中"动画"单选按钮，将激活"不断循环"和"重复"单选按钮，设置 GIF 动画的循环或重复次数。

（4）在"选项"栏中勾选"优化颜色"复选框将从 GIF 文件的颜色表中删除所有不使用的颜色，这样可使文件大小减小 1 000～1 500 字节，而且不影响图像品质。选中"平滑"

图 9-16　"发布设置"对话框

复选框可消除导出位图的锯齿，从而生成高品质的位图图像，并改善文本的显示品质，但会增大 GIF 文件的大小。

（5）在"透明"下拉列表中选择一个选项以确定动画背景的透明度以及将 Alpha 设置转换为 GIF 的方式。

（6）在"抖动"下拉列表中选择一个选项，可用于指定可用颜色的像素如何混合模拟当前调色板中不可用的颜色。

5．设置 JPEG 属性

在"格式"选项卡中选中了"JPEG（*.jpg)"复选框后，"发布设置"对话框中即可出现

"JPEG"选项卡。单击"JPEG"选项卡。在打开的窗口中可以对 JPEG 图像文件的大小、品质等属性进行设置。

设置 JPEG 属性的具体操作步骤如下。

（1）打开"素材\模块九\落叶.fla"动画文档，选择"文件"→"发布设置"命令，弹出"发布设置"对话框，选择"JPEG"选项卡，如图 9-17 所示。

（2）在"尺寸"文本框中可以输入导出的位图图像的宽度值和高度值。选中后面的"匹配影片"复选框，可使 JPEG 图像和 Flash 动画大小相同并保持原始图像的高宽比。

（3）在"品质"栏中可拖动滑动条或在其后的文本框中输入一个值可设置生成的图像品质的高低和图像文件的大小。

（4）选中"渐进"复选框可在 Web 浏览器中逐步显示连续的 JPEG 图像，从而以较快的速度在网络连接较慢时显示加载的图像。

6. 设置 PNG 属性

PNG 是唯一支持透明度（Alpha 通道）的跨平台位图格式。通常 Flash 会将 SWF 文件中的第一帧导出为 PNG 文件。在"格式"选项卡中选中了"PNG（*.jpg）"复选框后，"发布设置"对话框中即可出现"PNG"选项卡。单击"PNG"选项卡，在打开的窗口中可以对 PNG 图像文件的大小、品质等属性进行设置。

设置 PNG 属性的具体操作步骤如下。

（1）打开"素材\模块九\落叶.fla"动画文档，选择"文件"→"发布设置"命令，弹出"发布设置"对话框，选择"PNG"选项卡，如图 9-18 所示。

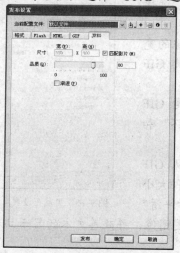
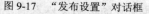

图 9-17　"发布设置"对话框

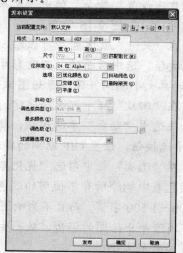

图 9-18　"发布设置"对话框

（2）在"尺寸"文本框中可以输入导出的位图图像的宽度值和高度值。勾选后面的"匹配影片"复选框，可使 PNG 图像和 Flash 动画大小相同并保持原始图像的高宽比。

（3）在"位深度"下拉列表中可以设置导出的图像的每个像素的位数和颜色数。

（4）如果在"位深度"下拉列表中选择"8 位"，则要在"抖动"下拉列表中选择一个选项来改善颜色品质。

（5）在"调色板类型"下拉列表中可选择一个选项用于定义 PNG 图像的调色板。

操作二　预览发布效果

在"发布设置"对话框中对动画的发布格式进行设置后，在正式发布之前还可以对即将发布的动画格式进行预览，以确定发布设置是否合适。预览发布效果的具体操作步骤如下。

（1）打开"素材\模块九\落叶.fla"动画文档，选择"文件"→"发布预览"命令，在弹出的子菜单中选择需要预览的格式，如"Flash"，即可查看发布后的 Flash 动画播放效果，如图 9-19 所示。

（2）在"发布预览"子菜单中选择"HTML"选项，可查看导出 HTML 文档的效果，如图 9-20 所示。

图 9-19　预览 Flash 动画

图 9-20　预览 HTML 文档

操作三　发布动画

设置好动画发布属性并预览后，如果预览动画效果满意，就可以将动画发布了，发布动画的方法主要有以下两种。

● 选择"文件"→"发布"命令。

● 按【Shift+F12】组合键。

发布成功后，在"发布设置"对话框中所设置的保存文件夹中即可看到发布的文件，如图 9-21 所示。

图 9-21　发布的文件

操作四　创建播放器

发布出来的 Flash 文件如果需要直接播放，用户计算机中必须先安装好 Flash Player，如果未安装则不能播放。如想在未安装 Flash Player 播放器的计算机中也可以播放该 Flash 动画，可以将其创建为播放器，即将播放器进行打包生成.exe 文件，这样双击该 exe 文件就可以查看动画效果了。创建播放器的具体操作步骤如下。

（1）双击打开发布的 Flash 文件"素材\模块九\落叶.swf"动画文档，选择"文件"→"创建播放器"命令，如图 9-22 所示。

（2）在弹出的"另存为"对话框中"保存在"下拉列表中选择保存位置，在"文件名"文本框中输入保存文件的名称，如图 9-23 所示。

图 9-22　选择"创建播放器"命令　　　　　　　　　　　图 9-23　保存设置

（3）单击 保存(S) 按钮完成播放器的创建，在保存位置即可找到该文件，如图 9-24 所示。

（4）将文件复制到未安装 Flash Player 播放器的计算机中，双击该文件图标，即可进行动画的播放，如图 9-25 所示。

图 9-24　创建的播放器文件　　　　　　　　　　　图 9-25　播放落叶.swf 文件

知识回顾

本任务主要介绍了 Flash 动画的发布设置，以及 Flash 动画的发布方法，并介绍了播放器的创建方法。其中应重点掌握 Flash 动画的发布设置，特别是 Flash 格式的设置，因为在进行网页制作时，通常只需要发布 Flash 动画文件，然后在 Dreamweaver 中再进行 Flash 文件的嵌入操作。另外，如果所导出的 Flash 动画不是用于网页制作的，则可以将其创建为播放器，以便于适合更多不同配置情况下的计算机。

实训一　优化和测试"音乐贺卡"动画

实训目标

本实训的目标是练习 Flash 动画的优化与测试操作。

实训要求

（1）将文本打散为矢量图形。

（2）对声音进行优化。

（3）在"库"面板中选择未使用项。

（4）保存并压缩。

（5）测试动画。

操作步骤

（1）打开"素材\模块九\"文件夹，其中有"音乐贺卡.fla"和"音乐贺卡.swf"两个文件，"音乐贺卡.fla"文件的大小为4682KB，"音乐贺卡.swf"的大小为116KB，如图9-26所示。

图9-26　原始文件

（2）打开文件"音乐贺卡.fla"，并另存为"源文件\模块九\音乐贺卡.fla"。

（3）检查整个动画发现图层2中的第1帧及第64帧中的"大富大贵"文本使用了极少见的"叶根友仿刘德华字体"，如图9-27所示。

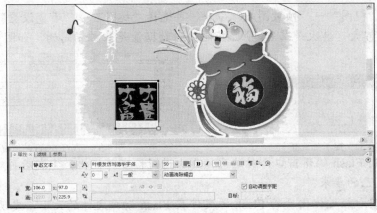

图9-27　使用了特殊字体

（4）为了保证其他用户能看到一致的效果，这里需要将其打散为矢量图。分别选择图层第1帧及第64帧中的"大富大贵"文本，按【Ctrl+B】组合键两次将其打散为矢量图，如图9-28所示。

（5）按【Ctrl+L】组合键打开"库"面板，在"music.wav"文件上单击鼠标右键，在弹出的快捷菜单中选择"导出设置"命令，如图9-29所示。

图9-28　打散文本

图9-29　选择"导出设置"命令

（6）在弹出的"声音设置"对话框中"压缩"下拉列表中选择"MP3"选项，其他保持默认设置，如图9-30所示。

（7）单击 确定 关闭对话框，按【Ctrl+S】组合键保存文档。再单击"库"面板右上角的图标，在弹出的菜单中选择"选择未用项目"命令，选择未使用项，如图 9-31 所示。

图 9-30 "声音设置"对话框　　　　　　　　　图 9-31 选项未使用项

（8）按【Delete】键删除选中的未使用项，再选择"文件"→"保存并压缩"命令对文档进行压缩保存。

（9）选择"调试"→"调试影片"命令准备进行 Flash 脚本的调整。由于本影片中未使用脚本，因此弹出如图 9-32 所示的对话框。

（10）单击 确定 按钮关闭对话框。选择"控制"→"测试影片"命令或按【Ctrl+Enter】组合键打开 Flash 测试窗口，再选择"视图"→"下载设置"→"56K（4.7KB/s）"命令设置下载速度为 56K。

（11）选择"视图"→"帧数图表"命令，再选择"视图"→"带宽设置"命令，发现第 1 帧的数据量非常大，其次是第 64 帧，其他帧的数据量是基本相同的，如图 9-33 所示。

图 9-32 提示对话框　　　　　　　　　图 9-33 查看 Flash 帧情况

（12）返回到 Flash 编辑窗口，对这两帧再次进行检查并优化。完成后再对 Flash 进行测试，直至符合自己的要求。

（13）最后查看经过优化后的 Flash 源文件及 Flash 动画文件的大小，发现已有所减少，如图 9-34 所示。

图 9-34 优化后的文件情况

实训二　发布"音乐贺卡"动画

实训目标

本实训的目标是练习 Flash 动画的发布操作，包括格式的设置、发布等。

实训要求

（1）进行动画格式的选择与设置。

（2）预览动画效果。

（3）发布动画。

（4）创建播放器。

操作步骤

（1）打开"源文件\模块九\音乐贺卡.fla"文件，选择"文件"→"发布设置"命令或按【Ctrl+Shift+F12】组合键，弹出"发布设置"对话框。

（2）在"格式"选项卡中选中"Flash（*.swf）"复选框和"HTML（*.html）"复选框，保持文件的默认名称及保存位置，如图 9-35 所示。

（3）选择"Flash"选项卡，在其中进行如图 9-36 所示设置的属性设置。

图 9-35　选择格式

图 9-36　设置 Flash 属性

（4）选择"HTML"选项卡，去掉"显示菜单"复选框的选中状态，在"窗口模式"下拉列表中选择"透明无窗口"选项，在"缩放"下拉列表中选择"精确匹配"选项，如图 9-37 所示。

（5）单击 确定 按钮关闭对话框，完成发布设置。选择"文件"→"发布预览"→"HTML"命令进行动画发布预览，完成后的显示效果如图 9-38 所示。

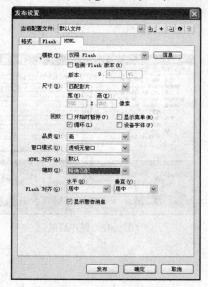

图 9-37　设置 HTML 属性

图 9-38　预览 HTML

（6）选择"文件"→"发布"命令完成 Flash 动画的发布。

（7）在发布文件夹中双击发布的 Flash 动画文件"音乐贺卡.swf"。

（8）在 Flash 播放器窗口中选择"文件"→"创建播放器"命令，如图 9-39 所示。

（9）在弹出的"另存为"对话框，在"保存在"下拉列表中选择播放器所需保存的位置，在"文件名"文本框中输入文件名称"音乐贺卡"，再单击 保存(S) 按钮，如图 9-40 所示，完成播放器的创建。

图 9-39 选择"创建播放器"命令

图 9-40 设置保存属性

拓 展 练 习

1. 优化与测试"画轴展开.fla"。

（1）解锁图层 5 并隐藏图层 2。

（2）选中图层 5 中的文本"仙镜"，并将其矢量化。

（3）调试影片，其显示效果如图 9-41 所示。

（4）接着进行影片测试，如图 9-42 所示。

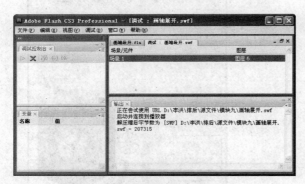

图 9-41 调试影片

图 9-42 影片测试

2．发布"画轴展开.fla"。

（1）进行 HTML 格式设置，如图 9-43 所示。

（2）进行 Flash 格式设置，其中密码为"111"，如图 9-44 所示。

图 9-43 设置 HTML 属性

图 9-44 设置 Flash 属性

（3）进行发布，将在"输出"面板中显示大小报告，如图 9-45 所示。

（4）在发布动画文件夹中找到发布的 Flash 动画并双击打开，创建播放器。

（5）新建一个空白文档，并按【Ctrl+R】组合键导入刚发布的 Flash 动画文件"画轴展开.swf"，此时将弹出如图 9-46 所示的对话框，输入正确的密码后才能导入。

（6）最后将新建的文档保存为"导入.fla"。

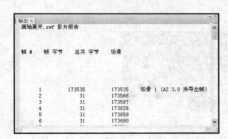
图 9-45 "输出"面板

图 9-46 输入密码

模块十 综合实例

模块简介

通过前面 9 个模块的学习，我们已掌握了 Flash 动画制作的基本技能和操作技巧。本模块将综合应用这些知识和技能进行 Flash 动画项目的开发，以巩固和加强利用 Flash CS3 进行动画制作的技能。

学习目标

- 📖 熟练地运用绘图工具和绘图技巧
- 📖 掌握 3 种基本动画的制作
- 📖 掌握高级动画的制作
- 📖 熟悉 ActionScript 3.0 编程

任务一 制作生日贺卡

任务目标

本任务的目标是学习使用 Flash CS3 制作贺卡。Flash 贺卡在因特网上被广泛运用，如节日贺卡、祝福贺卡、生日贺卡等，而这也正是 Flash 制作动画最基本的功能。下面来学习圣诞贺卡的制作，效果如图 10-1 所示。

图 10-1 圣诞贺卡

任务分析

制作一个 Flash 贺卡，首先要确定贺卡的主题和内容，然后根据内容来绘制主题实例或者导入外部的素材元素，制作动态贺词效果，还可以加入背景音乐，最后测试优化并发布贺卡。

具体操作步骤如下。

（1）新建一个 Flash 文档，新建图形元件"背景"，用矩形工具▣绘制一个比场景宽的矩形，并填充为蓝白线性渐变作为天空图形，如图 10-2 所示。

（2）锁定图层 1，新建图层 2，用钢笔工具▵绘制一个封闭曲线图形，并填充为如图 10-3 所示的蓝白渐变色作为山峰。

图 10-2　绘制天空

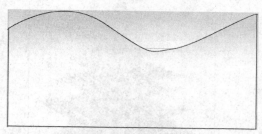

图 10-3　绘制山峰

（3）锁定图层 2，新建图层 3，用钢笔工具▵绘制一个封闭曲线图形，并填充为如图 10-4 所示的白灰渐变色作为雪地。

（4）删除图形轮廓线条，单击 场景1 按钮返回主场景，然后将元件"背景"拖入场景，并使其居中对齐，如图 10-5 所示。

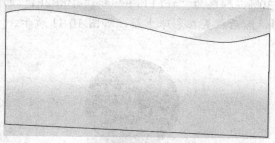

图 10-4　绘制雪地

图 10-5　应用背景

（5）新建图形元件"树"。用钢笔工具绘制一个树干图形，并填充颜色，按【Ctrl+G】组合键组合图形，如图 10-6 所示。

（6）用刷子工具▵绘制几个绿色的叶子图形，并按【Ctrl+G】组合键组合图形，如图 10-7 所示。

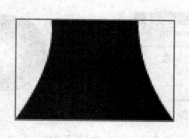

图 10-6　绘制树干

图 10-7　绘制叶子

（7）用钢笔工具 和颜料桶工具 绘制树干图形，并按【Ctrl+G】组合键组合图形，如图 10-8 所示。

（8）组合绘制好的图形，并排列叠放顺序，组合出圣诞树图形，如图 10-9 所示。

图 10-8　绘制树干

图 10-9　绘制叶子

（9）新建图形元件"彩球"。用椭圆工具 绘制一个圆，并填充为 "#FF3300" 和 "#000000" 的放射状渐变色，如图 10-10 所示。

（10）绘制一个椭圆，填充 Alpha 值为 30%、颜色为 "#FFFFFF" 和 "#B8E2F1" 的放射状渐变色，并按【Ctrl+G】组合键组合图形，然后放置在彩球上层，如图 10-11 所示。

图 10-10　绘制圆球

图 10-11　绘制椭圆

（11）再绘制一个椭圆，填充颜色为 "#FFFFFF" 和 Aphla 值为 70%、颜色为 "#E08578" 的放射状渐变色，并按【Ctrl+G】组合键组合图形，然后放置在彩球上层，如图 10-12 所示。

（12）新建影片剪辑元件"闪光"。用椭圆工具绘制一个圆，设置填充颜色为 "#FFFFCC" 和 "#DAFED3"、Alpha 值为 0%，如图 10-13 所示，填充圆效果如图 10-14 所示。

图 10-12　绘制椭圆

图 10-13　渐变色

图 10-14　填充圆

（13）在第 5 帧处插入关键帧，选择圆，在"颜色"面板中设置渐变色色标如图 10-15 所示。

（14）此时圆的填充效果，如图 10-16 所示。

（15）选择第 1 帧处的圆，按【Ctrl+C】组合键复制圆，如图 10-17 所示。在第 10 帧处插入空白帧，并按【Ctrl+Shift+V】组合键将复制的圆粘贴到当前位置。

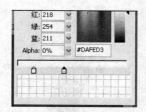

图 10-15　渐变色　　　　　　　　　　　　　图 10-16　填充圆

（16）分别在第 1~4 帧和第 5~9 帧处创建补间形状，如图 10-18 所示。

图 10-17　复制圆　　　　　　　　　　　　图 10-18　创建补间形状

（17）锁定图层 1，新建图层 2，绘制一个颜色为 "#FFFFFF" 和 "#DE01DE"、Alpha 为 0% 的星形图形，如图 10-19 所示。

（18）分别在第 5 帧和第 10 帧处插入关键帧，将第 5 帧处的星形放大，并在第 1~4 帧和第 5~9 帧处创建补间形状，如图 10-20 所示。

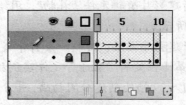

图 10-19　绘制星形　　　　　　　　　　　图 10-20　创建补间形状

（19）新建图形元件 "房子 1"，绘制一个如图 10-21 所示的房子图形。

（20）新建图形元件 "房子 2"，绘制一个如图 10-22 所示的房子图形。

图 10-21　绘制房子　　　　　　　　　　　图 10-22　绘制房子

（21）新建影片剪辑元件"圣诞老人"。用钢笔工具 、线条工具 和颜料桶工具 绘制一个圣诞老人图形，如图 10-23 所示。

（22）新建影片剪辑元件"鞋子"。用绘图工具绘制一个鞋子图形，并转换为图形元件"鞋子"，如图 10-24 所示。

图 10-23　绘制圣诞老人

图 10-24　绘制鞋子

（23）用任意变形工具 选择元件"鞋子"，将中心点移动到左上角，如图 10-25 所示。

（24）分别在第 10 帧和第 30 帧处插入关键帧，在第 10 帧处将图形旋转一定角度，如图 10-26 所示，分别在第 1~9 帧和第 10~29 帧处创建补间形状。

图 10-25　移动中心点

图 10-26　选择图形

（25）新建影片剪辑元件"礼物"。用绘图工具绘制一个礼物图形，将图形转化图形元件，如图 10-27 所示。

（26）新建引导图层，绘制一条引导线，在第 30 帧处插入帧，在图层 1 的第 30 帧处插入关键帧，在第 1 帧处将"鞋子"元件实例放置到起点，在第 30 帧处将"礼物"元件实例放置到终点，在 1~29 帧处创建补间动画，并分别在图层 1 和图层 2 的第 80 帧插入帧，如图 10-28 所示。

图 10-27　绘制礼物

图 10-28　创建补间动画

（27）新建影片剪辑元件"雪"。绘制一个圆，并填充为白色、Alpha 值为 0% 的圆作为雪花图形。

（28）新建图层 2，按【F9】键打开"动作"面板，并在其中输入如下脚本。

```
function rndshow() {
```

```
//自定义函数用于设置该实例的随机位置和大小
    this.y=-10;
    this.x=Math.random()*550;
    this.scaleX=Math.random()+0.2;
    this.scaleY=this.scaleX;
}
rndshow();
addEventListener(Event.ENTER_FRAME,down);
function down(evt) {
    this.y=this.y+5;
    this.x=this.x+(Math.random()-Math.random())*5; //让当前实例随机向左或向右移动5像素以内的位置
    if (this.y>465-Math.random()*100) {
        rndshow();
    }
}
```

（29）返回主场景，在"库"面板中选择元件"雪"并单击鼠标右键，在弹出的快捷菜单中选择"链接"命令，如图 10-29 所示。

（30）在打开的"链接属性"对话框，勾选"为 ActionScript 导出"复选框，设置"类"名称为"snow"，如图 10-30 所示。

图 10-29 快捷菜单

图 10-30 创建补间动画

（31）单击 确定 按钮，打开"动作"面板，在其中输入如下脚本。

```
var obj:Array=new Array();
var i=0;
addEventListener(Event.ENTER_FRAME,run);
function run(evt) {
    if (i<100) {
        var sn=new snow();
        obj[i]=addChild(sn);
        i++;
    }
}
```

（32）新建影片剪辑元件"圣诞树"。从"库"面板中拖入图形元件"树"到图层 1，新建图层 2，拖入多个元件"彩球"到图层 2 中，如图 10-31 所示。

（33）选择"彩球"元件实例。在"面板"中选择颜色为"高级"，单击 设置... 按钮，在打开的"高级效果"对话框中设置实例颜色，如图 10-32 所示。

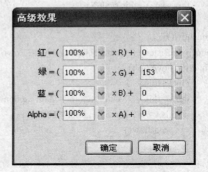

图 10-31　拖入元件　　　　　　　　　　　　图 10-32　"高级效果"对话框

（34）用相同的方法设置其他彩球的颜色，效果如图 10-33 所示。

（35）新建图层 3，从"库"面板中拖入多个元件"闪光"到图层 3 中，并调整元件的大小和位置，如图 10-34 所示。

图 10-33　设置元件颜色　　　　　　　　　　图 10-34　拖入闪光元件

（36）新建影片剪辑元件"文字"。用文本工具 T 输入文字，如图 10-35 所示。

（37）选择文字，按【Ctrl+B】组合键分离文字，如图 10-36 所示，然后选择"修改"→"时间轴"→"分散到图层"菜单命令，将文字分散到图层中。

图 10-35　输入文字　　　　　　　　　　　　图 10-36　分离文字

（38）分别在各图层的第 10、12、14、16、18 帧处插入关键帧，并分别向下移动文字的位置，在各图层的第 40 帧处插入帧，如图 10-37 所示。

（39）分别在各图层的第 1 帧处创建补间动画，如图 10-38 所示。

图 10-37 移动文字位置

图 10-38 创建补间动画

（40）返回主场景，锁定图层 1 和图层 2，新建图层 3，从"库"面板中分别拖曳元件"圣诞树"、"鞋子"、"文字"、"圣诞老人"、"礼物"到图层 3 中，如图 10-39 所示。

图 10-39 设置元件颜色

（41）保存文档为"制作圣诞贺卡.fla"，并测试动画效果，如图 10-1 所示。

任务二 制作多媒体课件——称赞

任务目标

本任务的目标是学习使用 Flash CS3 制作多媒体课件。随着现代教育技术的普及，多媒体技术被广泛地运用在中小学的课堂上，多媒体课件的交互功能可以弥补教学中的许多不足，也正是因为 Flash 软件强大的交互功能，近年来，Flash 几乎取代了所有的多媒体制作软件，在多媒体课件制作中发挥着强大的作用。下面来学习简单多媒体课件的制作，效果如图 10-40 所示。

图 10-40 多媒体课件——称赞

任务分析

制作多媒体课件，首先要根据教学需要确定多媒体课件的流程和所需素材。素材可以从网络上获得，也可以使用其他软件制作好图像、声音、视频等。当然，也可以使用 Flash 中的绘图软件。准备好素材以后，再使用 Flash 软件按教学流程进行前期制作，最后根据教学中的使用情况对课件进行后期的修改操作。

具体操作步骤如下。

（1）新建一个 Flash 文档，在"属性"面板中设置文档属性，如图 10-41 所示。

（2）新建图形元件"枫叶"。用钢笔工具 ✎ 绘制一个枫叶图形轮廓，然后用颜料桶工具 ◢

填充图形，并删除轮廓线条，如图 10-42 所示。

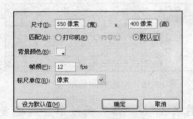

图 10-41　新建文档　　　　　　　　　　　　图 10-42　绘制枫叶

（3）新建按钮元件"按钮"。在"点击"帧处插入关键帧，并将元件"枫叶"拖放到"点击"帧，如图 10-43 所示。

（4）新建按钮元件"矩形按钮"。在"点击"帧处插入关键帧，用矩形工具在"点击"帧处绘制一个矩形，如图 10-44 所示。

图 10-43　制作枫叶按钮　　　　　　　　　　图 10-44　制作矩形按钮

（5）新建按钮元件"下一步"。在"弹起"帧处绘制一个填充颜色为无颜色的矩形；在"指针经过"帧处插入关键帧，填充矩形为红色；在"按下"帧处插入关键帧，填充矩形为紫色，如图 10-45 所示。

（6）新建图层 2，在矩形上输入文字"下一步"，如图 10-46 所示。用相同的方法再制作一个按钮元件"上一步"。

图 10-45　绘制矩形　　　　　　　　　　　　图 10-46　输入文本

（7）新建图形元件"桌子"。用矩形工具□、钢笔工具♦和颜料桶工具◊绘制一个桌子图形，如图 10-47 所示。

（8）新建图形元件"椅子 1"。用矩形工具□、线条工具＼和颜料桶工具◊绘制一个椅子正面图形，如图 10-48 所示。

（9）新建图形元件"椅子 2"。用矩形工具□、线条工具＼和颜料桶工具◊绘制一个椅子侧面图形，如图 10-49 所示。

（10）新建图形元件"板凳"。用矩形工具□、线条工具＼和颜料桶工具◊绘制一个板凳图形，如图 10-50 所示。

图 10-47 绘制桌子

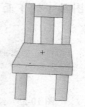

图 10-48 绘制椅子 1

图 10-49 绘制椅子 2

图 10-50 绘制板凳

（11）新建图形元件"木块"。用线条工具 ＼和颜料桶工具 △绘制一个木块图形，如图 10-51 所示。

（12）新建图形元件"苹果"。用椭圆工具 ○和颜料桶工具 △绘制一个苹果图形，如图 10-52 所示。

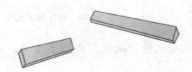

图 10-51 绘制木块

图 10-52 绘制苹果

（13）新建影片剪辑元件"刺猬"。用绘图工具在图层 1 中绘制刺猬的身体图形，并转换为图形元件"身体"，如图 10-53 所示。

（14）新建图层 2，并重命名图层为"手臂"，在该图层中绘制一个手臂图形，并转化为图形元件"手臂"，如图 10-54 所示。

图 10-53 绘制刺猬身体

图 10-54 绘制手臂

（15）新建图层 3，并重命名图层为"腿 1"，用绘图工具绘制刺猬的腿图形，如图 10-55 所示。

（16）新建图层 4，并重命名图层为"腿 2"，将图层 3 的腿图形复制到图层 4 中，并将图层 4 拖曳到图层 1 的下面, 如图 10-56 所示。

图 10-55 绘制腿

图 10-56 复制图形

（17）新建图层 5, 并重命名图层为 "眼睛", 用椭圆工具 绘制一个眼睛图形, 并转换为影片剪辑元件 "眼睛", 如图 10-57 所示。

（18）打开 "眼睛" 影片剪辑元件, 在第 5 帧处插入空白帧, 用钢笔工具 绘制眼睛闭合图形, 如图 10-58 所示。

图 10-57 绘制眼睛

图 10-58 绘制闭眼

（19）新建影片剪辑元件 "刺猬嘴", 用钢笔工具 分别在第 1、3、5、6 帧处绘制嘴形图, 如图 10-59 所示。

（20）新建图层 6, 并重命名图层为 "嘴", 组合刺猬元件, 如图 10-60 所示。

图 10-59 制作嘴形元件

（21）新建图层 7, 并重命名图层为 "板凳", 拖入元件 "板凳" 到图层 7 中, 并将图层 7 移动到 "手臂" 图层下, 如图 10-61 所示。

图 10-60 组合刺猬

图 10-61 拖入板凳

（22）锁定所有图层, 解锁 "身体" 图层, 在第 20 帧处插入关键帧, 用任意变形工具 选择元件, 并旋转身体, 如图 10-62 所示。在第 10 ~ 19 帧处创建补间动画。

（23）锁定其他图层, 解锁 "腿" 图层, 分别在第 20 帧处插入关键帧, 用任意变形工具 选择元件, 并调整腿, 如图 10-63 所示。在第 10 ~ 19 帧处创建补间动画。

图 10-62 调整身体

图 10-63 调整腿

（24）锁定其他图层，解锁"手臂"图层，分别在第20帧处插入关键帧，用任意变形工具 ▦选择元件，并调整手臂，如图10-64所示。在第10～19帧处创建补间动画。

（25）锁定其他图层，解锁"眼睛"和"嘴"图层，分别在第20帧处插入关键帧，用任意变形工具 ▦选择元件，并调整眼睛和嘴，如图10-65所示。在第10～19帧处创建补间动画。

图10-64　调整手臂

图10-65　调整眼睛和嘴

（26）在"板凳"图层的第25帧处插入关键帧，分别在所有图层的第25帧处插入关键帧，按与上面相同的方法调整刺猬各个部件的位置，做出弯腰去抱板凳的动作，如图10-66所示。

（27）分别在各图层的第20～25帧处创建补间动画，如图10-67所示。

图10-66　调整部件动作

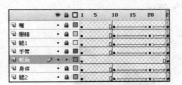

图10-67　创建补间动画

（28）选择所有图层的第10～25帧，单击鼠标右键，在弹出的快捷菜单中选择"复制帧"命令复制帧，在时间轴上选择所有图层的第26～40帧，如图10-68所示。

（29）单击鼠标右键，在弹出的快捷菜单中选择"粘贴帧"命令粘贴帧，选择所有图层的第26～40帧，然后翻转帧，如图10-69所示。

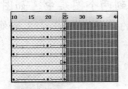

图10-68　选择帧

图10-69　翻转帧

（30）在"板凳"图层的第30帧处插入关键帧，移动板凳的位置，并在第25帧处创建补间动画，如图10-70所示。

（31）在"板凳"图层的第50帧处插入关键帧，移动板凳的位置，并在第30帧处创建补间动画，如图10-71所示。

图10-70　移动板凳的位置1

图10-71　移动板凳的位置2

（32）新建图层8，在第40帧处插入关键帧，打开"动作"面板，在其中输入如下脚本。

```
stop();
```

（33）新建影片剪辑元件"小獾"。新建6个图层，并分别重命名为"左脚"、"左手"、"头"、"尾巴"、"身体"、"右手"、"右脚"，如图 10-72 所示。

（34）分别在各个图层中绘制小獾身体的各个部件，如图 10-73 所示。

图 10-72　新建图层

图 10-73　绘制图形

（35）分别在所有图层的第5帧和第10帧处插入关键帧，在第5帧处，分别对各个图层的部件动作进行跳帧，如图 10-74 所示，分别在各图层的第1帧和第5帧处创建补间动画，如图 10-75 所示。

图 10-74　跳帧动作

图 10-75　创建部件动画

（36）新建影片剪辑元件"刺猬 2"。新建几个图层，从"库"面板中拖曳刺猬各元件到各个图层中，然后新建两个图层，分别拖入元件"苹果"到两个图层中，如图 10-76 所示。

（37）所有图层的第22帧处插入帧，在"手臂"图层的第5、7、9、12帧处插入关键帧，并分别调整手向后移动的动作，如图 10-77 所示。

图 10-76　组合图形

图 10-77　调整手臂动作

（38）选择"手臂"图层的第 5 ~ 12 帧，然后复制到第 14 ~ 20 帧，并翻转帧，如图 10-78 所示。

（39）在"苹果 2"图层的第 14、17、19、21 帧处插入关键帧，并分别调整苹果的位置，制作刺猬递交苹果的动作，如图 10-79 所示。

图 10-78 复制帧

图 10-79 调整苹果动作

（40）在"苹果 2"图层的第 22 帧处插入空白帧，打开"动作"面板，在其中输入如下脚本。

```
stop();
```

（41）新建影片剪辑元件"小獾 2"。新建 7 个图图层，并重命名，从"库"面板中拖曳小獾的各部件到各图层中，如图 10-80 所示。

（42）在所有图层的第 22 帧处插入关键帧，并调整小獾各部件的动作位置，做出接苹果的动作，然后分别创建补间动画，如图 10-81 所示。

图 10-80 组合图形

图 10-81 调整小獾的动作

（43）将所有图层的第 1~22 帧复制到第 23 帧处，并选择所有图层的第 23 帧，然后按【Shift+F5】组合键删除部分帧，如图 10-82 所示。

（44）新建图层 8，在第 22 帧处插入关键，并放置两个"苹果"元件在 22 帧处，在 30 帧处插入关键帧，并调整苹果的位置，然后创建补间动画，效果如图 10-83 所示。

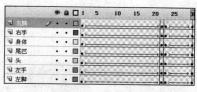

图 10-82 复制帧

图 10-83 制作苹果动作

（45）用相同的方法制作第 32~40 帧处的苹果动画，时间轴如图 10-84 所示。

（46）在第 40 帧处打开"动作"面板，在其中输入如下脚本。

```
stop();
```

（47）新建影片剪辑元件"word1"。从"库"面板中拖曳元件"枫叶"放置在图层 1 中，在第 18 帧处插入帧，锁定图层 1，新建图层 2，在图层 2 中输入文字"刺猬"和拼音，如图 10-85 所示。

图 10-84 时间轴

（48）在图层 2 的第 2 帧处插入关键帧，并删除拼音，如图 10-86 所示。

图 10-85　输入文字　　　　　　　　　　　　图 10-86　删除拼音

（49）在第 5 帧处插入关键帧，放大文字，如图 10-87 所示，并移动位置居于场景中间。

（50）在第 2 帧处创建补间动画，将第 2～5 帧复制到第 15 帧，并翻转帧，如图 10-88 所示。

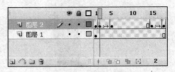

图 10-87　放大文字　　　　　　　　　　　　图 10-88　翻转帧

（51）分别在第 2 帧和第 18 帧处输入如下脚本。

```
stop();
```

（52）用相同的方法制作"小獾"、"板凳"、"粗糙"、"但是"、"傍晚"、"椅子"、"泄气"、"瞧"和"留下"文字的动画影片。

（53）返回主场景，将图层 1 重命名为"背景"，绘制一个和场景相同大小的图形作为背景，如图 10-89 所示。

（54）新建图层 2，重命名为"文字"，并输入文字。新建图层 3，重命名为"按钮"，从"库"面板中拖曳按钮到该图层，如图 10-90 所示。

图 10-89　绘制背景图形　　　　　　　　　　图 10-90　应用按钮

（55）分别定义按钮实例名称为"cmdpre"、"cmdnext"，在"按钮"图层的第 1 帧处输入如下脚本。

```
cmdnext.addEventListener(MouseEvent.CLICK,onnext);
function onnext(evt){
    nextFrame();
}
cmdpre.addEventListener(MouseEvent.CLICK,onpre);
function onpre(evt){
    prevFrame();
}
```

（56）新建图层 4，并重命名为"AS"，在第 1 帧处输入如下脚本。

```
stop();
```

（57）在"背景"图层的第 5 帧处插入帧，在"文字"图层的第 2 帧处插入空白帧，从"库"面板中拖入元件"文字"到"文字"图层中，并排列实例，分别定义文字实例名称为"word1"～"word10"，如图 10-91 所示。

（58）在"文字"图层新建图层 5，并重命名为"动作"，从"库"面板中拖入"按钮"元件放置到文字上，如图 10-92 所示。

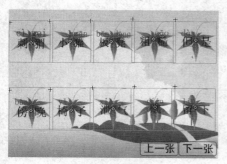

图 10-91 放置文字

图 10-92 放置按钮

（59）分别定义按钮实例名称为"cmdword1"～"cmdword10"，在 AS 图层的第 2 帧处插入关键帧，在其中输入如下脚本。

```
stop();
word1.gotoAndStop(1);
word2.gotoAndStop(1);
word3.gotoAndStop(1);
word4.gotoAndStop(1);
word5.gotoAndStop(1);
word6.gotoAndStop(1);
word7.gotoAndStop(1);
word8.gotoAndStop(1);
word9.gotoAndStop(1);
word10.gotoAndStop(1);
cmdword1.addEventListener(MouseEvent.CLICK,onword1);
function onword1(evt) {
    word1.play();
}
cmdword2.addEventListener(MouseEvent.CLICK,onword2);
function onword2(evt) {
    word2.play();
}
```

```
cmdword3.addEventListener(MouseEvent.CLICK,onword3);
function onword3(evt) {
    word3.play();
}
cmdword4.addEventListener(MouseEvent.CLICK,onword4);
function onword4(evt) {
    word4.play();
}
cmdword5.addEventListener(MouseEvent.CLICK,onword5);
function onword5(evt) {
    word5.play();
}
cmdword6.addEventListener(MouseEvent.CLICK,onword6);
function onword6(evt) {
    word6.play();
}
cmdword7.addEventListener(MouseEvent.CLICK,onword7);
function onword7(evt) {
    word7.play();
}
cmdword8.addEventListener(MouseEvent.CLICK,onword8);
function onword8(evt) {
    word8.play();
}
cmdword9.addEventListener(MouseEvent.CLICK,onword9);
function onword9(evt) {
    word9.play();
}
cmdword10.addEventListener(MouseEvent.CLICK,onword10);
function onword10(evt) {
    word10.play();
}
```

（60）在"动作"图层的第 3 帧处插入空白帧，从"库"面板中拖入"桌子"、"木块"、"板凳"、"刺猬"和"小獾"元件实例，并适当调整其大小和位置，如图 10-93 所示。

（61）在"文字"层的第 3 帧处插入空白帧，并输入文字，如图 10-94 所示。

图 10-93　放置实例

图 10-94　输入文字

（62）在 AS 图层的第 3 帧处插入关键帧，在第 3 帧处输入如下脚本。

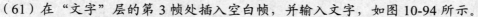

```
stop();
```

（63）在"动作"图层的第 4 帧处插入空白帧，从"库"面板中拖入"桌子"、"椅子 1"、"椅子 2"、"刺猬 2"、"小獾 2"，并适当调整大小和位置，如图 10-95 所示。

（64）在"文字"层的第 4 帧处插入空白帧，并输入文字，如图 10-96 所示。

图 10-95　放置实例

图 10-96　输入文字

（65）在 AS 图层的第 4 帧处插入关键帧，在第 4 帧处输入如下脚本。

```
stop();
```

（66）保存文档为"制作课件——称赞.fla"，测试动画效果如图 10-40 所示。

任务三　制作手机广告

任务目标

本任务的目标是根据所学的知识，制作手机广告，最终效果见"源文件\模块十\制作手机广告.swf"。

任务分析

Flash 广告现在已经被越来越多地应用在网络上，制作广告一般需要先准备好广告素材，再进行广告创意制作。

具体操作步骤如下。

（1）新建一个 Flash 文档，设置文档大小为"300×300 像素"，用矩形工具绘制一个和场景相同大小的矩形，填充颜色为"#FD2424"，如图 10-97 所示。

（2）选择矩形，按【F8】键将其转换为影片剪辑元件"背景"，双击打开元件编辑窗口，在第 20 帧处插入关键帧，填充矩形颜色为"#FD2424"，如图 10-98 所示。

图 10-97　绘制矩形

图 10-98　填充矩形

（3）用相同的方法，分别在第 40、60、80、100 帧处插入关键帧，并分别填充颜色为"#18F82E"、"#0B6FD2"、"#FA2752"和"#FD2424"。

（4）分别在第 1、20、40、100 帧处创建补间形状，如图 10-99 所示。

图 10-99　创建补间形状

（5）返回主场景，将元件"背景"拖入图层 1，锁定图层 1，新建图层 2，用椭圆工具和文本工具，绘制手机标志图形，如图 10-100 所示。

（6）将图形转换为元件"logo"，在第 15 帧处插入关键帧，如图 10-101 所示。将第 1 帧处的实例 Alpha 值设置为 0%，并创建补间动画。

图 10-100　绘制标志

图 10-101　插入关键帧

（7）锁定图层 2，新建图层 3，打开"素材\模块十\"文件夹，其中有位图 1~6.jpg。在第 10 帧处插入关键帧，将位图"1.jpg"拖入到图层 3 中，并将其转换为图形元件"p1"，并放置在舞台右边外，如图 10-102 所示。

（8）在第 90 帧处插入关键帧，将 p1 实例移动到场景右边，如图 10-103 所示。在第 95 帧插入关键帧，将 p1 实例向右移动，并设置其 Alpha 值为 0%，如图 10-104 所示。

图 10-102　第 10 帧

图 10-103　第 90 帧

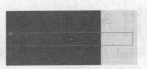

图 10-104　第 95 帧

（9）在第 10 帧和第 90 帧处创建补间动画，在第 10 帧处设置"缓动"效果，如图 10-105 所示。

（10）锁定图层 3，新建图层 4，在第 30 帧处插入关键帧，用文本工具输入文本，并转换为图形元件"t1"，然后放在场景左侧，如图 10-106 所示。

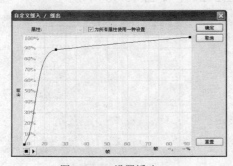

图 10-105　设置缓动

图 10-106　输入文本

（11）在第 90 帧处插入关键帧，将 t1 实例移动到场景右边，然后在第 30 帧处创建补间动画，并设置其"缓动"效果。

（12）锁定图层 4，新建图层 5，在第 40 帧处插入关键帧，用文本工具输入文本，并转换为元件"t2"，在第 75 帧处插入关键帧，如图 10-107 所示。

（13）在第 40 帧处调整 t2 实例的大小，并设置其 Alpha 值为 0%，并创建补间动画，如图 10-108 所示。

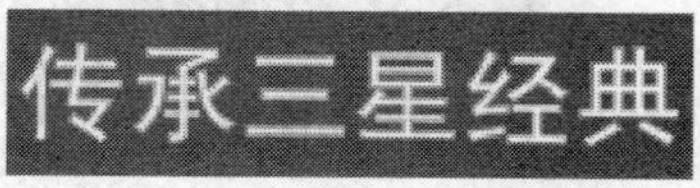

图 10-107 第 75 帧

图 10-108 第 40 帧

（14）锁定图层 5，新建图层 6，在第 88 帧处插入关键帧，拖入位图"2.jpg"，并转换为图形元件"p2"，并设置其 Alpha 值为 0%，如图 10-109 所示。

（15）在第 95 帧处插入关键帧，设置 p2 实例的 Alpha 值为 100%，如图 10-110 所示。

图 10-109 第 88 帧

图 10-110 第 95 帧

（16）在第 100 帧处插入关键帧，并选择 p2 实例，如图 10-111 所示。

（17）在第 140 帧处插入关键帧，并移动 p2 实例的位置，如图 10-112 所示。在第 88、95、100 帧处创建补间动画。

图 10-111 第 100 帧

图 10-112 第 140 帧

（18）锁定图层 6，新建图层 7，在第 110 帧处插入关键帧，用文本工具输入竖排文字，并转换为图形元件"t3"，如图 10-113 所示。

（19）在第 160 帧处插入关键帧，并移动 t3 实例的位置，在第 110 帧处创建补间动画，如图 10-114 所示。

图 10-113 第 110 帧

图 10-114 第 160 帧

（20）锁定图层 7，新建图层 8，在第 110 帧处插入关键帧，用文本工具输入竖排文字，并转换为图形元件"t4",如图 10-115 所示。

(21)在第 160 帧处插入关键帧,并移动 t4 实例的位置,在第 110 帧处创建补间动画,如图 10-116 所示。

图 10-115　第 110 帧

图 10-116　第 160 帧

(22)锁定图层 8,新建图层 9,在第 170 帧处插入关键帧,拖入位图"3.jpg",并转换为图形元件"p3",如图 10-117 所示。在第 174 帧处插入关键帧,在第 171 帧处插入空白帧。

(23)锁定图层 9,新建图层 10,在第 172 帧处插入关键帧,拖入位图"4.jpg",并转换为图形元件"p4",如图 10-118 所示。在第 173 帧处插入空白帧。

图 10-117　放置 p3 实例

图 10-118　放置 p4 实例

(24)锁定图层 10,新建图层 11,在第 175~180 帧处制作线条变长效果,如图 10-119 所示。

(25)锁定图层 11,新建图层 12,在第 180~185 帧处制作线条变长效果,并输入文字,如图 10-120 所示。

图 10-119　制作变幻线条

图 10-120　输入文字

(26)锁定图层 12,新建图层 13,在第 195~200 帧处制作线条变长效果,如图 10-121 所示。

(27)锁定图层 13,新建图层 14,在第 200~205 帧处制作线条变长效果,并输入文本,如图 10-122 所示。

(28)锁定图层 14,新建图层 15,在第 290 帧处插入关键帧,拖入位图"5.jpg",并转换为图形元件"p5",如图 10-123 所示。

(29)在第 295 帧处插入关键帧,拖入位图"6.jpg",并转换为图形元件"p6",如图 10-124

所示。在第 290 帧处创建补间动画，并设置"旋转"为自动。

图 10-121 制作变化线

图 10-122 输入文本

图 10-123 第 290 帧

图 10-124 第 295 帧

（30）用相同的方法制作第 303～339 帧处的补间动画。

（31）锁定图层 15，新建图层 16，在 303 帧处插入关键帧，用文本工具输入文字，并转换为图形元件，设置其 Alpha 值为 0%，如图 10-125 所示。

（32）在第 339 帧处插入关键帧，并设置其 Alpha 值为 100%，在第 303 帧处创建补间动画，如图 10-126 所示。

图 10-125 输入文本

图 10-126 设置文本

（33）在所有图层的第 380 帧处插入帧，在图层 1 的第 450 帧处插入帧，在图层 2 的第 381 帧处插入关键帧，输入文字"三星 U908E"，并在第 450 帧处插入帧，如图 10-127 所示。

（34）保存文档为"制作手机广告.fla"，测试动画效果如图 10-128 所示。

图 10-127 输入文字

图 10-128 测试效果

任务四 制作网络 **Banner** 动画

任务目标

本任务的目标是使用已掌握的 Flash 动画制作方法制作网站 Banner 动画。

任务分析

在现在的网络时代，几乎所有的网站都在首页上使用了 Flash 制作的 Banner 动画增加网站的动感和宣传网站主题。

具体操作步骤如下。

（1）打开文件"素材\模块十\banner.fla"，并另存为"制作网络 Banner 动画.fla"，如图 10-129 所示。

（2）用矩形工具 ▣ 绘制一个和场景相同大小的矩形，填充颜色为"#0264F4"和"#B4DAFE"的线性渐变色，并转换为图形元件"back"，如图 10-130 所示。

图 10-129 打开文档

图 10-130 绘制背景

（3）新建图形元件"star"，用线条工具绘制一个"十"字叉图形，选择图形，在菜单栏中选择"插入"→"时间轴特效"→"帮助"→"复制到网格"命令，在打开的"复制到网格"对话框中设置行数为 5、30，列数为 10、60，如图 10-131 所示。

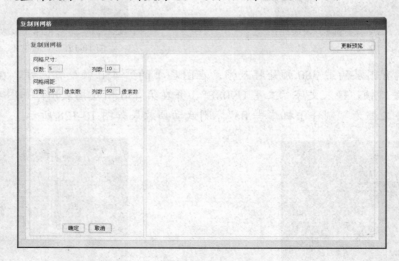

图 10-131 设置复制属性

（4）单击 确定 按钮关闭对话框，复制到网
格如图 10-132 所示。

（5）新建影片剪辑元件"rw"，拖入位图
"人物.jpg"，并转换为图形元件"p"，如图
10-133 所示。

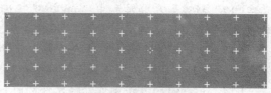

图 10-132 复制到网格

（6）在第 10 帧处插入关键帧，将 p 实例
平移适当位置，在第 1 帧处创建补间动画，并设置缓动效果如图 10-134 所示。

图 10-133 新建元件

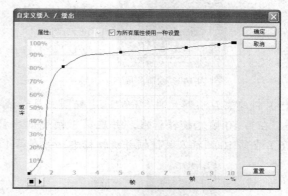

图 10-134 设置缓动

（7）在第 15、16、17、18、19、20、21 帧处插入关键帧，分别在第 16、18、20 帧处设
置 p 实例的"色调"为白色，如图 10-135 所示。

（8）在第 40 帧处插入帧，如图 10-136 所示。

图 10-135 设置实例色调

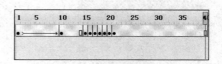

图 10-136 时间帧

（9）新建影片剪辑元件"banner"，用线条工具绘制一个箭头图形，如图 10-137 所示。

（10）在第 3 帧和第 6 帧处插入关键帧，在第 3 帧处将箭头向左上角移动，然后在第 1
帧和第 3 帧处创建补间动画，如图 10-138 所示。

（11）新建图层 2，用文本工具输入文字，如图 10-139 所示。

图 10-137 绘制箭头

图 10-138 创建补间动画

图 10-139 输入文字

（12）新建影片剪辑元件"run"，选择椭圆工具，设置内径为85，起始角度为10，笔触高度为2，颜色为白色，绘制圆，并用线条工具绘制箭头，如图10-140所示。

（13）分别将内圆和外圆转换为影片剪辑元件，打开内径元件，在第10帧处插入关键帧，在第1帧处创建补间动画，并设置"旋转"为逆时针，如图10-141所示。

（14）用相同的方法制作外径元件顺时针旋转。

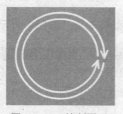

图10-140　绘制图形

图10-141　制作旋转动画

（15）新建影片剪辑元件"ico"，用椭圆工具和线条工具绘制一个标准图形，并转换为图形元件，在第10帧处旋转标准，并在第1帧处创建补间动画，如图10-142所示。

（16）在第10帧插入关键帧并旋转标志，并在第1帧处创建补间动画，如图10-143所示。

图10-142　制作标志

图10-143　创建补间动画

（17）返回主场景，新建图层2，并将元件"banner"、"run"、"rw"放置到图层2中，如图10-144和图10-145所示。

图10-144　放置元件实例

图10-145　放置元件实例

（18）在图层2上面新建图层3，将位图"yy.jpg"和"yyy.jpg"放置到图层3中，并转换为影片剪辑元件，如图10-146所示。

图10-146　第110帧

（19）将云朵元件的实例名分别定义为"y1"、"y2"，新建图层4，在第1帧处输入如下脚本。

```
y1.x=200;
y2.x=500;
addEventListener(Event.ENTER_FRAME,enterFrm);
//侦听进入帧事件
function enterFrm(evt) {
    y1.x=y1.x-5;//让实例"y1"向下移动5像素
    y2.x=y2.x-5;//让实例"y2"向下移动5像素
    if (y1.x<=-200) {//判断实例"y1"是否完全超出场景
        y1.x=y2.x+500;//将"y1"放置到"y2"右方
    }
    if (y2.x<=-200) {//判断实例"y2"是否完全超出场景
        y2.x=y1.x+500;//将"y2"放置到"y1"右方
    }
}
```

（20）新建图层5，用线条工具绘制两条垂直交叉的直线，并转换为影片剪辑元件，分别定义其实例名称为"hline"和"vline"，从"库"面板中拖入元件"ico"，并定义其实例名称为"ico"，如图10-147所示。

图10-147 制作直线实例

（21）在图层4的第1帧处输入如下脚本。

```
var vx=0;//定义坐标变量xy
var vy=0;
addEventListener(Event.ENTER_FRAME,enterfrm);
function enterfrm(evt) {
    vx=(mouseX-ico.x)/5;
    vy=(mouseY-ico.y)/5;
    hline.x=ico.x+=vx;
    vline.y=ico.y+=vy;
}
```

（22）保存文档，按【Ctrl+Enter】组合键测试动画，效果如图10-148所示。

图10-148 测试动画效果